"十三五"普通高等教育本科部委级规划教材

印染CAD

王维明　主　编

张瑞萍　副主编

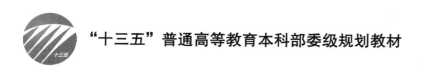中国纺织出版社

内 容 提 要

本书以市场占有率较高的金昌EX9000印花分色设计软件为例，系统讲解了印染CAD软件在纺织品印花图案分色与描稿应用中的基础操作和应用技巧。此外，还介绍了纺织品印花基础知识。

本书可作为设有轻化工程（染整工程）、服装、包装、广告等专业的高校（包括独立学院）开设纺织品印花、图文设计与分色制版等课程的教学用书及实训指导用书，也可作为相关领域的师生和工程技术人员的参考书。

图书在版编目（CIP）数据

印染 CAD / 王维明主编 . —— 北京：中国纺织出版社，2017.9
（2024.7重印）
"十三五"普通高等教育本科部委级规划教材
ISBN 978-7-5180-3918-0

Ⅰ.①印⋯ Ⅱ.①王⋯ Ⅲ.①染整 —计算机辅助设计—高等学校—教材 Ⅳ.① TS19-39

中国版本图书馆 CIP 数据核字（2017）第 196411 号

责任编辑：朱利锋　　责任校对：寇晨晨
责任设计：何　建　　责任印制：何　建

中国纺织出版社出版发行
地址：北京市朝阳区百子湾东里A407号楼　　邮政编码：100124
销售电话：010 — 67004422　　传真：010 — 87155801
http://www.c-textilep.com
中国纺织出版社天猫旗舰店
官方微博 http://weibo.com/2119887771
北京虎彩文化传播有限公司印刷　各地新华书店经销
2024年7月第6次印刷
开本：787×1092　1/16　印张：10.25
字数：152千字　定价：48.00元

凡购本书，如有缺页、倒页、脱页，由本社图书营销中心调换

前言

计算机辅助设计（Computer Aided Design，CAD）是利用计算机及其图形设备帮助设计人员进行设计工作的软件，其在工程实践中的广泛应用，从根本上提高了设计效率和作品质量。

印染CAD的本质就是应用计算机辅助设计软件取代传统的纺织品印花图案设计和分色描稿工作，以此提高工作效率与设计质量。随着CAD技术在印染领域的应用，市面上已有多种印花分色设计系统，其中金昌EX9000软件是市场占有率较高的一款，很多高校将其引进作为一门课程。

为了进一步提高学生实践应用能力，编者结合长期应用金昌EX9000软件从事印染CAD工作的宝贵经验和多年教学实践，对软件的功能与工具操作进行了详细讲解。本教材具有以下几个主要特点：

（1）添加了纺织品印花基础知识和印花图案设计原理，使学生熟悉纺织品印花图案色彩搭配的基本原则、基础元素的选择及组合等相关知识，有助于学生明确学习目的。

（2）以分色与描稿的操作流程为依据，将功能相似的工具进行归类，分析比较同类工具各自应用模式和处理效果，利于学生在实践操作中科学地选择工具。

（3）结合案例与效果示意图，介绍工具的基本操作与应用技巧，利于学生熟练掌握工具的应用技能。

本教材第一章由南通大学张瑞萍教授编写，第二～四章由绍兴文理学院王维明编写（其中第三章第三节由浙江工业职业技术学院项伟副教授编写）。全书由王维明任主编，张瑞萍任副主编。

本教材配有课程网站（http://wl.sxjpkc.com/yrcad），设有图库、作业习题、阶段性考核题、考核体系和评分标准等内容，方便老师教学和学生自学、练习。

由于编者水平有限，缺点和疏漏在所难免，敬请读者批评指正。

编者

课程设置指导

本课名称　　印染CAD
适用专业　　轻化工程（染整工程）、包装、美术等相关专业
总学时　　　42～48
理论教学时数　18～24　实验（实践）教学时数　24
课程性质　　专业选修课或必修课。

课程目的

1.熟悉纺织品筛网印花对图案色彩与网版排列的要求。

2.熟悉纺织品印花图案色彩搭配的基本原则、基础元素的选择及组合等相关知识。

3.熟悉印花图案分色与描稿的操作流程，并熟练掌握印花CAD软件的基本操作与应用技巧，能科学地选择工具进行花型设计和图案分色描稿。

课程教学基本要求

该课程作为一门计算机技能型课程，具有实践性和操作性强的典型特征。教学时应着重培养学生实践应用能力，加强技巧型习题的练习和阶段性学习效果的考核。针对计算机技能的差异性，建议对学生进行分组，实现优势互补，全面提高实践能力。

染整专业，第一章只需讲解印花图案设计相关内容，授课2学时；其他专业，第一章授课8学时。

说明

1.本课程教学要求学生应具有一定的专业基础知识和计算机基础知识。

2.课程学时安排。

章数	课程内容	理论学时	实验（实践）学时
一	纺织品印花基础知识	2～8	0
二	印染CAD简介	6	6
三	印染CAD操作与技巧	10	10
综合应用实践		0	8
共计		18～24	24

目录

第一章　纺织品印花基础知识

第一节　印花方法与设备

一、印花概念

　　纺织品印花是通过特定的机械和化学方法，将各种染料或颜料调制成的印花色浆局部地施加在纺织品上，使之获得各色花纹图案的加工过程。纺织品印花是染整技术与实用艺术相结合的产物，印花图案的设计与印花工艺密切配合才能印出好的印花产品（图1-1-1）。

　　从纺织纤维着色的角度看，印花也被认为是局部着色。为了防止染液的渗化，保证花纹的清晰精细，必须借助于适宜的色浆。印花色浆一般由染料或涂料、糊料、助溶剂、吸湿剂及其他助剂组成。纺织品印花后

图1-1-1　印花面料

通常都要采用蒸箱进行蒸化处理，使色浆中的染料或颜料扩散进入纤维，或与纤维发生化学反应而固着。由于色浆中糊料的存在，印花纺织品蒸化固色后需要进行充分水洗和皂洗，以除去糊料和浮色，改善手感，提高色泽鲜艳度和染色牢度。

　　纺织品印花主要是织物印花，其中多数是纤维素纤维织物、真丝织物、化纤及混纺织物、针织物。纱线、毛条也有印花，纱线印花可织出特殊风格的花纹，毛条印花可织造成具有闪色效应的混色织物。

二、印花方法

　　纺织品印花加工方法根据分类方法不同而不同，常用的分类方法有按印花工艺分类、按着色剂分类和按印花设备分类三种，具体分类情况见表1-1-1。

表1-1-1 印花方法分类

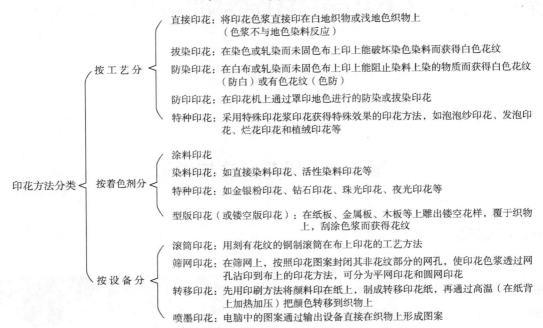

印花方法分类

按工艺分
- 直接印花：将印花色浆直接印在白地织物或浅地色织物上（色浆不与地色染料反应）
- 拔染印花：在染色或轧染而未固色布上印上能破坏染色染料而获得白色花纹
- 防染印花：在白布或轧染而未固色布上印上能阻止染料上染的物质而获得白色花纹（防白）或有色花纹（色防）
- 防印印花：在印花机上通过罩印地色进行的防染或拔染印花
- 特种印花：采用特殊印花浆印花获得特殊效果的印花方法，如泡泡纱印花、发泡印花、烂花印花和植绒印花等

按着色剂分
- 涂料印花
- 染料印花：如直接染料印花、活性染料印花等
- 特种印花：如金银粉印花、钻石印花、珠光印花、夜光印花等
- 型版印花（或镂空版印花）：在纸板、金属板、木板等上雕出镂空花样，覆于织物上，刮涂色浆而获得花纹

按设备分
- 滚筒印花：用刻有花纹的铜制滚筒在布上印花的工艺方法
- 筛网印花：在筛网上，按照印花图案封闭其非花纹部分的网孔，使印花色浆透过网孔沾印到布上的印花方法，可分为平网印花和圆网印花
- 转移印花：先用印刷方法将颜料印在纸上，制成转移印花纸，再通过高温（在纸背上加热加压）把颜色转移到织物上
- 喷墨印花：电脑中的图案通过输出设备直接在织物上形成图案

三、印花设备及特点

根据印花方法不同，印花设备主要有镂空印花版、滚筒印花机、筛网印花机（包括平网印花机和圆网印花机）、转移印花机和喷墨印花机。

1. 镂空印花版

镂空型版印花又称型版印花，是指在防水纸版（如油纸）、金属版、化学版（如聚酯薄片版）和木板上镂刻空心花纹，使印花色浆通过镂空部位在织物上形成花纹的一种印花方法，该方法所用的工具称为镂空印花版。根据印制方法不同，镂空型版印花主要可分为镂空型版自浆防染靛蓝印花（如蓝印花布）、镂空型版自浆防染色浆印花和镂空型版色浆六接印花。镂空型版印花示意图如图1-1-2所示。

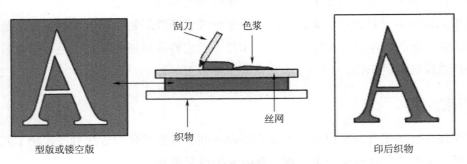

型版或镂空版　　　　　　　　　　　　　　　　　　印后织物

图1-1-2 镂空型版印花示意图

2.滚筒印花机

滚筒印花是较古老的机械化印花方法，在20世纪中叶前占统治地位。滚筒印花是将印花图案雕刻在铜质花筒上，花纹在花筒上是凹陷的，凹纹是由均匀的斜线或网点组成的。滚筒印花机按花筒排列方式可分为放射式、立式、卧式和倾斜式数种，其中以放射式使用最为普遍。放射式滚筒印花机按机头所能安装花筒多少分为4、6、8套色等，如图1-1-3所示。

滚筒印花机运转时，色浆被给浆辊从浆盘中带到花筒表面，花筒旋转时携带色浆，在花筒与承压滚筒接触前，先用一钢质刮刀将花筒平面（未刻花部分）黏附的色浆刮去，而凹陷的花纹处仍保留色浆。这些色浆在与一定弹性的承压滚筒接触时，花筒凹纹

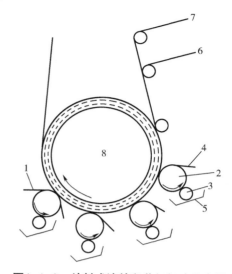

图1-1-3 放射式滚筒印花机机头示意图
1—除纱刮刀 2—花筒 3—给浆辊 4—刮浆刀
5—给浆盘 6—印花织物 7—衬布 8—承压滚筒

内的色浆经承压滚筒和花筒之间轧点压轧后而均匀地压印到织物上。出印花轧点处，花筒上装有黄铜制成的除纱刮刀（小刀），用以刮除印花织物表面黏附到花筒光面的色浆，还可以刮除由织物传到花筒上的纱头、短纤维等，防止这些杂质再由花筒传给浆盘，沾污印花色浆或堵塞花纹而产生印花疵病。

滚筒印花的优点是生产效率高，印制花纹轮廓清晰，特别适宜印制精细线条、云纹、雪花等花纹。其缺点主要有几个方面，其一是印花时因花筒的挤压及传色的影响，色泽浓艳度不及筛网印花；其二是织物运行方向的机械张力大，不适宜易变形的针织物和合成纤维绸缎等；其三是印花套色数和花纹大小受安装花筒只数和花回尺寸的影响，一般滚筒印花机花筒的圆周长为440~470mm；其四是滚筒印花操作比较麻烦，雕刻花筒的周期长，附属设备较多，劳动强度大。

3.筛网印花机

筛网印花是目前应用较普遍的一种印花方法，来源于型版印花。此方法中筛网是主要的印花工具，有花纹处呈镂空的网眼，无花纹处网眼被涂覆，印花时，色浆被刮过网眼而转移到织物上。

根据筛网的形状，筛网印花可分为平网印花和圆网印花两种。

（1）平网印花。平网印花的筛网是平板形的，印花机有三种类型，即手工平网印花机（又称台板印花机）、半自动平网印花机和全自动平网印花机。这三种设备的基本机构都是由台板、筛网和刮浆刀组成，只是机械化、自动化程度不同而已。平网印花特点是：花型轮廓清晰，织物所受张力小，制版时间短，适合小批量、多品种的各类高档织物的印

花，几乎是丝绸类及其他不耐大张力织物的专用印花设备。

全自动平网印花机如图1-1-4所示。印花时，由上浆装置在橡胶导带上涂布一层贴布浆，然后自动将布贴在橡胶导带上，当筛网降落到台板上，由橡胶或磁棒刮刀进行刮浆，刮毕，筛网升起，织物随橡胶导带向前运行，这些连续过程都是由自动印花装置控制的。每只筛网印一种颜色，织物印花后，进入烘燥装置烘干，然后进行后处理，而橡胶导带则转到台板下面，经水洗装置洗除上面的贴布浆和印花色浆。

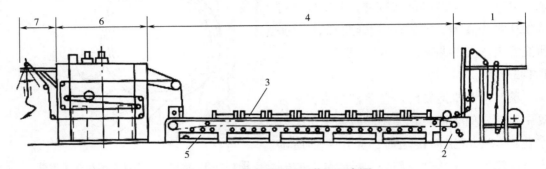

图1-1-4 全自动平网印花机示意图

1—进布装置 2—导带上浆装置 3—筛网框架 4—筛网印花部分
5—导带水洗装置 6—烘干设备 7—出布装置

全自动平网印花具有劳动强度低、生产效率较高的特点，而且花型大小和套色数不受限制，印花时织物基本不受张力，但如采用冷台板，在连续印花时易出现搭色疵病。

（2）圆网印花。圆网印花机的基本构成与全自动平网印花机相似，如图1-1-5所示。印花机的花版是圆网，由金属镍制成，网孔呈六角形，刮浆刀系采用铬、钼、钒、钢合金制造。印花时，圆网在织物上面固定位置旋转，织物随循环运行的导带前进。印花色浆经圆网内部的刮浆刀挤压透过网孔而印到织物上。圆网印花是自动给浆，全部套色印完后，织物进入烘干装置烘干。

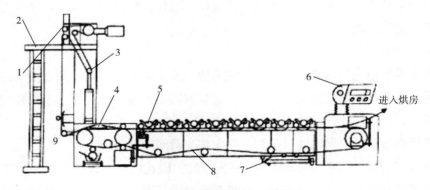

图1-1-5 圆网印花机示意图

1—织物 2—进布架 3—张力调节器 4—加热板 5—圆网印花单元
6—控制台 7—导带水洗装置 8—印花导带 9—上浆装置

圆网印花具有劳动强度低、生产效率高、对织物的适应性强等特点，能获得花型活泼、色泽浓艳的效果。但圆网印花对云纹、雪花等结构的花型受到一定限制，花型大小也受到圆网周长的限制，而且清晰度不是太高，主要用于各种化纤织物的小花型少套色的印花。为确保印制效果，套与套之间应保持一定的距离，叠版距离应尽量拉远。

4. 转移印花机（数码转移印花）

转移印花改变了传统印花的概念。先用印刷的方法，用染料制成的油墨将花纹印到纸上制成转移印花纸，这一步一般在印刷厂完成，然后将转移印花纸的正面与被印织物的正面紧贴，进入转移印花机，在一定条件下，使转移印花纸上的染料转移到织物上。

转移印花的图案花型逼真、层次丰富、花纹细致，加工过程简单，特别是干法转移印花无须蒸化、水洗等后处理，节能无污染。

转移印花有干法热转移印花和湿法转移印花两种，前者采用具有热升华性能的分散染料，适用于疏水性强的合成纤维，后者适用于各类染料。本节简单介绍分散染料的热转移印花和棉织物用活性染料湿法转移印花（冷转移印花）。

（1）涤纶等合成纤维织物的转移印花。涤纶等合成纤维织物一般采用干法转移印花中的分散染料升华转移印花工艺。一方面通过200℃左右的高温，使化纤（如涤纶）的非晶区中的链段运动加剧，分子链间的自由体积增大；另一方面高温使染料升华，由于范德瓦耳斯力的作用，气态染料运动到涤纶周围，然后扩散进入非晶区，达到着色的目的。

转移印花的设备有平板热压机、连续转移印花机和真空连续转移印花机。连续式转移印花机能进行连续生产，机上有旋转加热滚筒，织物与转移纸正面相贴，一起进入印花机，织物外面用一无缝的毯子紧压，以增加弹性，如图1-1-6所示。这种设备可以抽真空，使转移印花在低于大气压下进行。

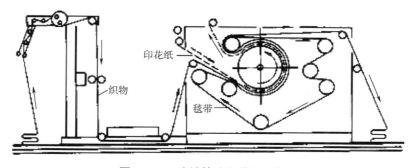

印花纸

织物

毯带

图1-1-6 连续转移印花机示意图

（2）棉织物用活性染料转移印花。活性染料是纤维素纤维染色和印花最常用的一类染料。由于它是离子型染料，很难升华转移，所以，研究活性染料在湿态下的转移印花倍受关注。1984年丹麦的Dansk开始研究，随后同其他公司合作，共同开发了棉和其他天然纤维的活性染料转移印花，特别是称为"Cotton Art-2000"的活性染料转移印花技术获得了成功，它包括印花色浆、转移印花纸、转移印花设备及转移印花工艺等方面的技术。

"Cotton Art-2000"活性染料转移印花机示意图如图1-1-7所示。

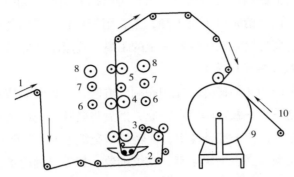

图1-1-7 "Cotton Art-2000"活性染料转移印花机运行示意图

1—前处理后的半制品 2—浸液槽 3—第1道均匀轧车 4—第2道均匀轧车 5—第3道均匀轧车
6—转移印花纸供给辊 7—转移印花纸备用辊 8—剥离纸卷取辊 9—卷布装置 10—塑料衬膜供给装置

如图1-1-7所示，织物通过浸液槽浸渍工作液（含有固色碱剂等）后，向上运行进入第1道均匀轧车，轧液后与转移印花纸进入第2道均匀轧车和第3道均匀轧车，使织物和转印纸充分接触，活性染料发生湿转移转印到织物上。转印过的印花纸则在经第3道轧车后被剥离卷取，转印织物通过导布辊进入有塑料薄膜衬垫的打卷装置打卷和室温堆置12~20h充分固色。然后经三格热水槽洗去浮色和其他残余的组分，最后烘干拉幅即可，不必经过蒸化固色，可比与常规直接印花节能50%。转印纸仅起载体作用，它不吸附染料，染料很易转移，约有95%的色浆可以从纸上转移到织物上，其中有90%~98%可被固着，印花后只需冲洗，与普通直接印花相比可以节省大量水，而且污水也少。

5. 喷墨印花（数码直喷印花）

喷墨印花被誉为21世纪纺织品印花的革命性技术，是未来纺织品印花的发展趋势。数码喷墨印花集机械、电子、信息处理、化工材料、纺织印染等技术为一体。喷墨印花系将含有色素的墨水在压缩空气的驱动下，经由喷墨印花机的喷嘴喷射到被印基质上，由计算机按设计要求控制形成花纹图案，根据墨水系统的性能，经适当后处理，使纺织品获得具有一定牢度和鲜艳度的花纹。目前数码喷墨印花工艺、颜色深度、鲜艳度、色牢度、墨水、印花速度等方面都有了很大提高，在生态环保方面具有突出优势，迅速占领了许多传统印花工艺的市场份额。喷墨印花工艺流程如图1-1-8所示。

目前，喷墨印花机主要有裁片数码印花机、T恤衫数码印花机、高速导带式数码印花机和Single-pass数码印花机。

（1）裁片数码喷墨印花机。裁片数码喷墨印花机也称毛衫数码喷墨印花机或平板数码喷墨印花机（图1-1-9），既可以用于机织物的印花，也可以用于针织物的印花。目前，进口设备品牌包括Shimaseiki、Epso等，国产品牌包括全印、鸿盛、开源、德赛、赛顺、鸿坤、东升等几十家，产量为10~50m²/h。

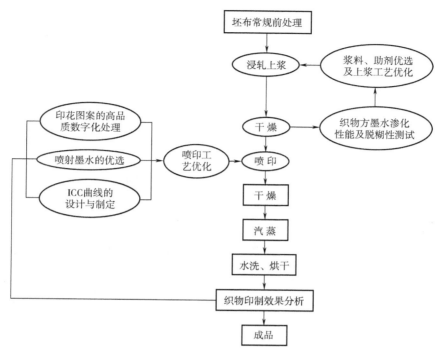

图1-1-8　数码喷墨印花的工艺流程图

（2）T恤衫数码印花机。T恤衫数码印花机（图1-1-10）是专门在T恤衫上印制数码花型的机器，包含单件、双件、多件和数码八爪鱼等几种机型。目前，进口设备品牌包括Kornit、Epson、Brother、Anajet、Aeoon等，国产的品牌有全印、诚拓、明宇等十多家，产量2~10min/件。

（3）高速导带数码印花机。高速导带数码印花机（图1-1-11）的面市是数码印花工业化生产的标志，目前主流的高速导带数码印花机的印花速度已经和传统平网印花速度相当。目前，进口品牌有Zimmer、Konica Minolta、Reggiania、MS、Toshin、Durst、Mimaki等几十家，国产的品牌有宏华、全印、挚阳、彩神、开元、弘美等几十家，产量可以达到1030m²/h。

图1-1-9　裁片数码喷墨印花机

（4）Single-pass数码印花机。Single-pass数码印花机的结构组成与圆网印花机十分相似，印花导带上依次排列着6~8组喷印单元，每组印花单元的喷头沿门幅方向固定，这些喷头可布满有效印花宽度。印花时，贴在导带上的织物是连续运行的，而喷头固定不动。这种喷印方式与以前的数码印花机完全不同，使得喷墨打印宽度更宽、质量更好、速度更快，可以实现连续印花。在2015年的ITMA展会上，Single-pass设备成了最大热门，共有四家展商推出Single-pass设备：Ms（意大利）推出的LaRio（图1-1-12），印花速度

4500m/h；Konica Minolta（日本）推出的Nassenger SP-1，在实现高速度的同时，利用高性能的喷墨控制系统，实现很高的图像再现性能；Stork（荷兰）推出的Spgprints，印花速度最高75m/min；中国宏华推出的单pass数码印花机，同时配有圆网，用以印制色块，并且能够完成一般数码印花不能完成的金粉泡沫等特种印花，印花速度80m/min。从打印速度和综合成本考虑，数码印花机正进入Single-pass时代。

图1-1-10　T恤衫数码喷墨印花机

图1-1-11　高速导带数码喷墨印花机

图1-1-12　Ms（意大利）推出的LaRio Single-pass数码印花机

第二节　印花图案设计基础知识

一、纺织品印花图案类型

印花图案是体现主题内容的形式表现，随着民族、宗教、文化的影响，形成了各具纹样特征的图案风格，并且与时代共同发展，成为一种流行现象。印花基本单元的图案类型有如下几种。

1. 单色图案

单色图案是指采用单一色彩与白色结合的图案，但有时是底色一套色，花型另一套色，这两色图案在印染工艺上统称"单色图案"。单色图案具有简洁明快、清新朴质的特点，同时存在色彩单一、层次关系不够丰富的缺陷，通常需要在构图技法、疏密关系上进行弥补。

2. 花卉图案

花卉图案在印花图案中是一种适应面广并且经久不衰的重要题材之一。花卉图案主要分为写实花卉图案和写意花卉图案两种不同的表现特征，前者表现细微、造型生动、色彩和谐，后者用笔豪放、造型夸张、线条流畅。

随着印染工艺的发展，花卉图案的表现技法除惯用的勾线平涂、泥点、撇丝外，还有蜡笔机理、油画棒机理、泼墨机理、水彩机理、摄影效果等。

3. 民族图案

民族图案又称民间图案，表现题材有植物、动物、人物、风景、几何图形等。在图案的表现上各地区差异很大，有的地区写意，鲜明而强烈；有的地区写实，柔和而淡雅；有的地区质朴，粗犷而豪放。例如，我国传统的民族图案、非洲土著图案、印度图案、埃及图案、沙滩图案等，都具有特别的地域装饰效果。

4. 补丁图案

设计师吸收了18~19世纪美国妇女缝制的绗缝制品这类图案的特点，采用其明显的镶拼效果而创作出具有独特视觉美感的作品。补丁图案常将不同题材、不同花形、不同时期、不同风格的图案拼接在一起，形成相互叠压、时空错位的平面视觉效果。补丁图案风格的室内软装饰具有浓厚的生活情调，主要用于床上用品、靠垫等。

5. 佩兹利图案

佩兹利图案起源于克什米尔。18世纪初，苏格兰西部佩兹利小镇以工业化生产的优势，大量生产这种纹样的披肩、头巾、围脖，并销往各地，人们习惯称为佩兹利图案（图1-2-1）。佩兹利图案造型富丽典雅、活泼灵动，具有很强的图案适应性，深受各国人民的喜爱。此类图案用于时装和家用纺织品显得尊贵、高档，极具内涵美，是一种长盛不衰的风格流派。

6. 几何图案

几何图案有规则的方形、三角形、圆形等以及不规则的抽象形体，其特点是构图富有变化、造型简洁大方、色彩明快强烈。条形方格以大小粗细的灵活组合，可以表现本分、前卫、现实主义、浪漫主义等不同风格，是永久的流行。

7. 民俗图案

民俗图案是写实而规范地展示一种场景或描述一个故事的图案风格，具有较强的写实性绘画效果，具有造型逼真、层次丰富、追求古朴的色彩感觉。民俗图案用于室内装饰纺织品设计，能创造出具有怀旧情调的环境氛围。民俗图案示意图如图1-2-2所示。

图1-2-1　佩兹利图案示例

图1-2-2　民俗图案示意图

8. 领带图案

领带图案造型精致而简洁。其图案有规则的几何形、波斯纹与花卉纹等，图案风格严谨而规范；也有不规则的花卉、风景、动物纹样等，图案风格活泼而富有装饰性。构图大多用规则的四方连续或二方连续排列，也有用跳接版构成。

9. 新艺术运动图案

新艺术运动是19世纪末20世纪初发起于欧洲的一场艺术运动。新艺术运动图案给人一种流畅的曲线美，尤其是莫里斯创作的墙纸、印花布图案，摆脱了传统三维立体空间的束缚，使图案变得平展，富有装饰性，色彩柔和而亮丽，构图丰富而饱满。新艺术运动图案以流畅的曲线为主，将自然主义的图案纹样以极富美感的表现技巧展现出来。

二、印花图案的分布

1. 完整图案的循环单位

图案设计是在单位尺幅的纸张或其他介质上进行和完成的，是以单位花回的形式完成的。花回是指独立、完整的纹样循环单位，完整的花回纹样首先要具备自身的完整性和美感。独立花回中的信息既要充分表现设计的主题和风格，还要考虑独立的花回在生产过程中形成连接后的整体效果。所以，花回的尺寸大与小、连接的具体方式，都会直接影响印花产品的最后效果。

完整的纹样循环单位由上、下、左、右四个方面组成，单位的上、下尺寸相等，左、右尺寸也相等。循环单位中的纹样必须具备上和下、左和右能够形成自然连接的属性，具体的连接方式可以根据设计的变化需要有所区别，但纹样单位的连接原理是不变的。

可以根据设计的纹样大小、题材需要、功能特点，结合设备的规格进行纹样循环尺寸重新选择和确定，其原则是必须形成无接缝的纹样连接效果，使纹样的设计和印制的工艺形成一个统一的整体。一般情况下，纹样的宽度尺寸可以任意界定。当然，也可以在遵循技术规格的同时调整花回的尺寸和循环方式，如服装印花面料中裙料的设计、中式被面印花面料的设计、家纺印花面料的设计等，都可以通过纹样循环单位的选择与利用达到最好的效果。

2. 纹样设计的连接方法

纹样印制过程的前提是通过制版完成纹样的连接，即完整的单位花回通过不同的方法完成上、下、左、右不同方向的循环延续。纹样的连接、排列方式有很多种，常见的有二方连续连接排列、四方连续连接排列、四方连续1/2降接排列、四方连续1/3降接排列等。

（1）二方连续排列。二方连续纹样是指以一个单位纹样向上下或左右方向做有规律的连续重复排列而成的纹样，如图1-2-3所示。按基本骨式变化分，有以下几种组织形式。

图1-2-3 二方连续排列效果示意图

①散点式二方连续纹样。单位纹样一般是完整而独立的单独纹样，以散点的形式分布开来，之间没有明显的连接物或连接线，简洁明快，但易显呆板生硬。可以用两三个大小、繁简有别的单独纹样组成单位纹样，产生一定的节奏感和韵律感，装饰效果会更生动。

②波线式二方连续纹样。单位纹样之间以波浪状曲线起伏作连接。

③折线式二方连续纹样。具有明显的向前推进的运动效果，单位纹样之间以折线状转折作连接，直线形成的各种折线边角明显，刚劲有力，跳动活泼。

④几何连缀式二方连续纹样。单位纹样之间以圆形、菱形、多边形等几何形相交接的形式作连接，分割后产生强烈的面效果。设计时要注意正形、负形面积的大小和色彩的搭配。

⑤综合式二方连续纹样。以上方式相互配用，取长补短，可产生风格多样、变化丰富的二方连续纹样。

（2）四方连续排列。四方连续图案是由一个纹样或几个纹样组成一个单位，并向四周重复地连续和延伸扩展而成的图案形式。按基本骨式变化分，主要有以下三种组织形式。

①散点式四方连续纹样。散点式四方连续纹样是一种在单位空间内均衡地放置一个或多个主要纹样的四方连续纹样。这种形式的纹样一般主题比较突出，形象鲜明，纹样分布可以较均匀齐整、有规则，也可自由、不规则。但要注意的是，单位空间内同形纹样的方

向可作适当变化，以免过于单调呆板。规则的散点排列有平排和斜排两种连接方法，如图1-2-4所示。

a.平排法。单位纹样中的主纹样沿水平方向或垂直方向反复出现，设计时可以根据单位中所含散点数量等分单位各边，分格后依据一行一列一散点的原则填入各散点即可；还可以用四切排列或对角线斜开刀的方法剪切单位纹样后，各部分互换位置，并在连续位处添加补充纹样，重复两次后再复位，即可得到一个完整的平排式四方连续单位纹样，如图1-2-4（a）所示。

b.斜排法。单位纹样中的主纹样沿斜线方向反复出现，又称阶梯错接法或移位排列法。可以是纵向不移位而横向移位，也可以是横向不移位而纵向移位。由于倾斜角度不同，有1/2、1/3、2/5等错位斜接方式。具体制作时可以预先设计好错位骨架再填入单位纹样，也可以用错位开刀去一边设计错位线。斜排式四方连续纹样效果图如图1-2-4（b）所示。

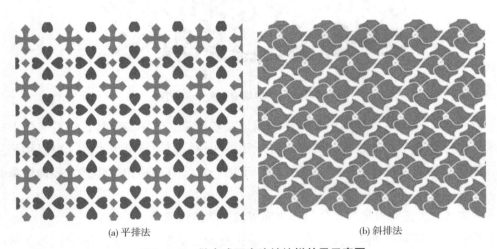

(a) 平排法　　　　　　　　　　　　　(b) 斜排法

图1-2-4　散点式四方连续纹样效果示意图

②连缀式四方连续纹样。连缀式四方连续纹样以可见或不可见的线条、块面连接在一起，产生很强烈的连绵不断、穿插排列的连续效果，常见的有波线连缀、几何连缀等。

a.波线连缀。波线连缀是以波浪状的曲线为基础构造的连续性骨架，使纹样显得流畅柔和、典雅圆润。

b.几何连缀。几何连缀是以几何形（方形、圆形、梯形、菱形、三角形、多边形等）为基础构成的连续性骨架。若单独作装饰，显得简明有力、齐整端庄，再配以对比强烈的鲜明色彩，则更具现代感。若在骨架基础上添加一些适合纹样，会丰富装饰效果。

连缀式四方连续纹样效果示意图如图1-2-5所示。

③重叠式四方连续纹样。重叠式四方连续纹样是两种不同的纹样重叠（同形重叠和不同形重叠）应用在单位纹样中的一种形式。一般把这两种纹样分别称为"浮纹"和"地

纹"。应用时，要注意以表现浮纹为主，地纹尽量简洁，以免层次不明、杂乱无章。

(a) 波线连缀　　　　　　　　　　　(b) 方形连缀

图1-2-5　连缀式四方连续纹样效果示意图

a. 同形重叠。同形重叠又称影纹重叠，通常是散点与该散点的影子重叠排列。为了取得良好的影子变幻效果，浮纹与地纹的方向和大小可以不完全一致。

b. 不同形重叠。不同形重叠通常是散点与连缀纹的重叠排列。散点作浮纹，形象鲜明生动，连缀纹作地纹，形象朦胧迷幻。

④其他四方连续纹样。1/2四方连续排列方式也称1/2斜排或1/2降接，是纺织品印花纹样设计中最常见的连接排列方式。这种排列和连接方式形成的纹样变化较丰富且易于操作，适合各种单位尺寸的纹样设计。1/3四方连续的连接方式与1/2四方连续的连接方式原理相同。

总之，在纹样设计过程中，循环单位尺寸的界定取决于所选择的印花方式及花辊花版的尺寸规格。例如，滚筒和圆网印花花辊周长的尺寸规格，通常可以界定为一个纹样循环单位上、下的长度尺寸，其宽度可以根据设计的需要任意界定。印制工艺的选择决定了循环单位上、下的尺寸，不同的印制工艺所采用的花辊规格与形式各不相同，花辊的生产加工方式也不相同，纹样循环的尺寸也会有所区别。合理地选择纹样循环的尺寸和连续方式，首先应该立足于选择的印花方式所给定的循环尺寸，同时，还要灵活地运用既定的尺寸规范。

三、印花图案的色彩

印花产品最终形成的主要色彩取决于主色调的设计，主色调设计得好与坏，直接关系到消费者是否愿意购买该产品及厂商的经济效益。因此，印花设计中主色调的把握应该是设计者值得高度重视的问题。

1. 主色调的分类

（1）按色相分。按色相分是指根据某种色相的色彩在整个印花图案中所占比例大小进行分类，一般以画面中所占比重大的色相命名，如红色调、蓝色调、紫色调、绿色调等。

（2）按明度分。按明度分是指以高明度色彩、中明度色彩和低明度色彩进行分类，可分为明亮色调、中间色调和暗色调，如浅黄色调、中绿色调、暗红色调等。

（3）按纯度分。按纯度分是根据有彩色成分的多少来分类，可分为艳色调、灰色调和纯灰色调。艳色调含有彩色成分较多，其特点是艳丽、鲜明、强烈。灰色调含有彩色成分较少，其特点是温和、稳定、雅致。纯灰色调由无彩色组成，给人的感觉是别致和时尚。

（4）按色彩冷暖分。按色彩冷暖分可分为冷色调、中性色调和暖色调。冷色调给人清凉感，中性色调给人舒适感，暖色调给人温暖感。在不同的季节选用不同色调的印花产品，可以给人们的心理上带来平衡。当然，在配色的过程中，也可以综合运用以上类别的色调，以产生更加丰富的色彩效果。

2. 决定主色调的因素

印花面料的色调随着地域、季节、使用对象、性别、年龄、职业、风俗习惯和个人审美情趣的不同而千差万别。在图案配色前，应该对以上因素进行周密考虑，分析并决定主色调，使色调的选用具有很强的针对性，符合消费人群的口味。

（1）地域与民族。一般来说，不同的国家、民族与地区的人们会有不同的喜爱色与禁忌色。如绿色在信奉伊斯兰教的地区很受欢迎，因为它是生命的象征，而在某些西方国家则是嫉妒的象征。所以设计师要根据印花产品的销售地有目的地选择主色调。

（2）季节。不同的季节，人们在挑选印花产品时，也会对色调着重考虑。例如，夏季天气炎热，一般不会挑选红色调的床上用品，而冬天恰好相反，为使卧室感觉温馨、温暖，较多的人会选择暖色调的床上用品，以求得心理上的平衡。

（3）风俗习惯。风俗习惯也是影响主色调的因素之一。在中国，红色是喜庆色，所以在设计婚庆产品时，包括礼服、床上用品等，红色调无疑成为首选色调。

（4）其他。性别、年龄、职业和个人审美情趣不同的人，也会有自己钟爱的色调。男性一般喜爱比较沉稳、端庄的灰色调和深色调；而大多数女性喜爱漂亮、亮丽的艳色调和明色调。儿童对鲜艳的黄色、红色等很感兴趣；中老年人则会因为丰富的生活阅历而喜欢沉稳的色调和能展现自己个性的色调。

3. 主色调的组成要素

印花图案的主色调由基色、主色、陪衬色和点缀色等要素组成，这些色彩相辅相成、互相作用，在画面上形成一定的对比、调和和主次关系。合理处理它们之间的关系，就能获得满意的主色调，给图案增添无限魅力。

（1）基色。基色是指印花图案中最基本的色彩，一般也是指面积最大的底色（底色面积较小的满地花图案除外），它对主色调的形成起到决定作用。为了使图案的主体花纹突出，通常在处理"地"与"花"的关系时，采用深地浅花与浅地深花两种形式。明度差距越大，对比越强，主体花纹越突出；明度差距越小，对比越小，主体花纹越隐蔽，整体效果越柔和。

基色的选定比较重要，不能喧宾夺主，因为它是用来衬托图案主体部分的。基色一旦确定，主色、陪衬色和点缀色都要与之相协调。

（2）主色。主色是用来表现植物、动物、人物、风景、几何图形等纺织品印花图案中主要题材的色彩。相对于底色，主色一般色彩醒目，能够很好地突出画面中的主体形象。

（3）陪衬色。陪衬色是用来陪伴衬托主体形象的色彩，也可以理解为联系基色与主色的中间色彩。一般情况下，基色就是底色，主色就是花色，那么陪衬色就是中间层次的过渡色彩。在印花图案设计中，如果基色与主色对比过强或太弱，陪衬色的合理选择可以弥补这个缺点，在画面上起到很好的调节作用。

陪衬色与主色之间可以理解为宾主关系，主色占支配地位，陪衬色处于从属地位，设计时两者应该宾主分明、相互依存。

（4）点缀色。点缀色是根据特定需要装饰在画面适当部位的小面积色彩。点缀色一般与其他色彩反差较大，可以是色相差别大（使用对比色或互补色）、明度差别大（使用高明度或低明度色）、纯度差别大（使用艳色点缀灰色，或使用灰色与无彩色点缀艳色）。点缀色成点状或线状分布在印花图案中，可以活跃画面气氛，起到画龙点睛的作用。

正确地处理基色、主色、陪衬色和点缀色之间的关系，可以使纺织印花图案具有明确的主色调，获得既对比又调和、既统一又有变化的整体配色效果。

四、纺织品用途对图案的要求

1. 窗帘

窗帘属于挂帷类，可在室内形成较强的瞩目性。窗帘不但具有遮阳隔热、防寒保暖、隔音防噪、调节光线等作用，还能以多变的形式、优美的图案、协调的色彩美化室内环境，成为居室中一道亮丽的风景线。

（1）窗帘图案的题材。窗帘图案题材丰富，除应用几何图案和花卉图案外，还可采用动物、人物、风景及各种民间图案。规则的小花纹图案可增添室内温馨祥和的气氛，多变的几何形曲线能表现生动活泼的心理感受，奔放的大花形图案使室内洋溢着青春的活力。

（2）窗帘图案的色彩。窗帘图案的色彩不仅要与室内其他织物协调，还需强调明朗的主色调。深色调的窗帘图案色彩对比明快、层次清晰；浅色调的窗帘图案色彩呈现出高明度、低纯度的朦胧美；平淡派的窗帘图案色彩显得极其单纯舒适。

（3）窗帘图案的排列方式。常见的有纵向、横向的图案排列形式，不同的排列有不同的视觉美感，纵向条形排列可使室内空间有升高感，横向条形排列可使室内空间有扩展感，上虚下实的排列有沉重、稳定的感觉，错落有致的散点排列有灵活感，动感线条的排列有洒脱、生动的感觉，严谨稳定的框架排列有秩序感。

总之，窗帘图案的"色"与"形"需要概括、整体，即图案造型简洁、色彩明快、排列有序。

2. 床上用品

床上用品的图案、色彩宜与窗帘相呼应，排列构成要有变化，需考虑床的三面视觉效果，图案造型一般要小于窗帘图案。另外，床上用品又分为床单、被套、枕套、靠垫、床罩等，各有其不同的使用功能，在设计时除了要呼应窗帘图案外，床上的各种用品图案还需有变化，要形成既统一又有对比的配套装饰。因而床上用品的图案形式一般分有A、B、C版的设计，目的就是营造床饰多层次的空间美。

A版是床上用品图案设计的主版，表现为大面积铺盖的形式，图案排列通常有散点的四方连续、条状的几何或花卉、二方连续与四方连续的组合、格子与规则图案的组合、横条几何纹的二方连续、条状与横条的组合、斜方格与装饰花卉的组合以及各种抽象几何与独幅纹样的组合等。

B版或C版通常是被里、床单或枕套之类的装饰面料，其装饰纹样须与A版配套，两版之间要有图案的关联性，即某一装饰元素的呼应。B版或C版的图案排列一般与A版形成紧密、稀疏或明暗的对比，使床品的图案装饰层次得到美的延伸。

床上用品的图案题材一般可作为窗帘图案题材的延伸。A、B、C版之间的图案配套需要在延伸中求得变化。床上用品的图案除了各式风格的花卉题材外，还可采用不同色格与色块的组合（给人以清新明快、端庄大方的感觉）、不规则的色线与色块的组合（使人油然而生奇妙的联想）、传统装饰元素等。

3. 地毯

地毯是指由羊毛或其他纤维材料在棉（或麻）经线上编织而成，主要用来覆盖于装饰建筑空间内部地面的一种较为厚重的织物。地毯以独具匠心的构图、柔和绚丽的色彩、华丽典雅的纹样及特有的肌理感受，成为了一种融实用与观赏为一体的室内装饰织物。

4. 墙面装饰布

墙面装饰布的图案风格多样，题材内容丰富（花卉、景物、几何均有运用）。配色宜用素净雅致的少套色，使之在整个室内环境中起陪衬烘托的作用。适当图案风格、肌理色调的墙面装饰布，可使冰冷粗糙的墙面变得柔和温馨。宽敞的房间使用大花形墙面图案，儿童房的墙面装饰布需突出天真烂漫的童趣，也有将墙布作为室内一面墙的装饰形成空间的视觉重点。墙面装饰布图案设计要考虑不同环境中的装饰效果及不同使用对象的审美心理。

5. 家具蒙面料

家具蒙面料通常选用灯芯绒、织锦、平绒、针织物、呢绒、天鹅绒等较厚实的织物，用于家具的包覆或套罩，对家具起到保洁、防尘与装饰的作用。该类面料色调宜深，花型常与墙布、地毯、窗帘图案有关联。家具蒙面料的图案间要求统一变化、造型偏大、结构明晰、构图整体感强（或紧密的满地，或散点的清地），表现手法宜单纯概括，题材有写实或装饰性花卉、条格几何与花卉的组合、民间纹样等。

第二章　印染CAD简介

第一节　金昌EX9000软件

一、软件概述

金昌计算机印花分色设计系统（金昌EX9000）是浙江省绍兴市轻纺科技中心有限公司自主设计开发，并拥有自主版权（软著登字第016348）的印花CAD软件。该软件因功能完善、运行速度快、界面友好易学、产品性价比高等优点而深受广大客户的好评与青睐，目前已成为我国印染界应用最为广泛的印花CAD系统之一。其主要特点如下。

（1）高可靠性。该公司配有120多个计算机工作站，常年为国内外印花面料提供分色制版服务，因而不仅是名副其实的全国最大分色制版中心之一，同时也是各种印花CAD系统最理想的检验站。金昌EX9000系统在这一规模空前的环境中经受考验，充分证明了系统处理高精度、高难度花稿的能力和无与伦比的可靠性。

（2）特殊的文件格式。该系统不仅能记录花稿本身，而且能完整记录与该花稿有关的全部信息，如回头、网形、网目、浆料百分比、花样类别等，为用户提供了一个有关工艺、技术和管理信息的数据库，具有很强的实用性。

（3）非凡的运行速度和极强的压缩功能。能迅速绘制各种复杂图形，瞬间完成描茎和撒丝，且能迅速存、读文件。这种优势在处理大花回文件时尤为显著，如200M以上文件（如地毯花样、方巾）读、存时间仅需数十秒，这是同类软件无法比拟的。

（4）全矢量图像操作。由于全矢量操作，图像经旋转、放大后的边界仍光滑如初，无锯齿，而且不受精度高低的影响。

（5）集优秀功能于一身。本系统不仅兼备各类CAD系统的优秀功能，而且结合实际需要开发了多种专业性极强的特殊功能，其中包括油画、国画、水渍、蜡染效果制作；单元图形沿任意曲线按比例分布（俗称毛毛虫）；点、串间距自动校正；回头加网无痕迹连接；单色稿快速叠加彩稿展示；四分色转印分色功能等。

（6）"层管理"功能。这一功能保证了各种高精度、高难度、云纹稿的制作。对各类复合云纹、多彩交融图案实现分层管理，并显示叠加效果，同时还可以多层同时操作，使原稿精神得以精确再现。

（7）智能拼接。一般系统对方巾、被单、毛毯等大幅图案分几次扫描后，需采用手工操作才能完成拼接。本系统所提供的拼接能对数次输入的大幅图案进行自动分析，按组成规律自动拼接成完整图案。

（8）立体贴面效果显示。在计算机界面上显示印花面料的服装效果等。

（9）智能分色功能。针对市场大量模糊花稿分色困难的问题，本系统开发了智能提取功能，简单、方便、易掌握、易操作。

（10）矢量字体。矢量字体可以任意改变字体的精度，且改变后字体的质量不发生任何变化。此外，本系统还提供了15大类的艺术字体，每种艺术字分3小类，相互组合可以提供多达210种艺术字体。

（11）光笔输入。光笔输入使得以最接近人的自然绘图方式进行人机交互，画出的图形更逼真，过渡更平滑。

（12）开放的程序结构。这一结构保证了系统功能具有无限拓展空间。上述列举的优秀功能正是在这种程序结构中得以实现并不断发展，使本系统真正具备了"可持续发展"的结构模式。

二、系统配置

1. 系统硬件配置

金昌EX9000印花设计分色系统硬件配置主要包括输入设备（扫描仪）、图像工作站、输出控制器及输出设备等。

（1）输入设备。一般指数码相机或扫描仪，按扫描幅面通常有A3（297mm×420mm）、A4（210mm×297mm）等数种。分辨率按不同要求在300~1440dpi之间选择。其功能为将要处理的图案（实样或画稿）以逐行扫描的方式转换成数字信号输入计算机，一般一台扫描仪能满足30~40个图形工作站的扫描要求。

（2）图形工作站。即计算机，一般包括主机、显示器、三键鼠标（普通鼠标中的滑轮可以当三键鼠标中的"中键"使用，但必须是垂直往下"按"，而不能"滑动"）和手写板。图形工作站的功能是显示扫描仪输入的图形，并在相应软件控制下进行图案设计及分色描稿处理。

（3）输出控制器。输出控制器的功能包括将计算机处理的图像信息转换为数字信息（TTL点阵信息），控制激光成像机中的激光发生器，使专用的感光胶片感光。

（4）输出设备。一般包括彩色喷墨打印机、激光成像机、微电脑自动冲片机、激光制网机、喷蜡制网机及其他网络附属设施。其具体要求分别如下。

①彩色喷墨打印机：打印图幅通常有A3、A4等几类，分辨率按需在360~1440dpi之间选择。其功能为将显示器所显示的图像转录在打印纸上，以便更直观地分析、修正图案或作为资料加以保存。

②激光成像机。按成像画面大致可分485dpi×700dpi、760dpi×800dpi、760dpi×1350dpi、1200dpi×1800dpi等数种规格，其功能为将图形工作站的分色图像信号转换成

激光信号，按设定格式使胶片感光，然后通过显影、定影及水洗、干燥等工序为下道的感光制网提供分色底片（黑白稿）。其成像速度因胶片幅面不同而异，一般在扫描精度为600dpi时4~13min／版或扫描精度为1200dpi时8~26min／版，扫描精度还可为1800dpi或2400dpi。一般一台激光成像机可满足6~8个工作站的成像要求。

③微电脑自动冲片机。输出设备的延伸，用以代替手工操作来自动完成激光成像机输出胶片的显影、定影、水洗及烘干。

④激光制网机。利用计算机的分色图像信号控制激光烧蚀网上所涂胶体，雕刻完成符合印台工艺要求的圆网或平网，直接制成网版。

⑤喷蜡制网机。在图像系统信息控制下，由多路喷嘴完成花型网上转移，取代传统的黑白胶片。其优点是拼接准确、无花路、速度快、精度高。

2. 系统软件配置

系统软件配置包括图像加密狗和图形输出控制卡，分别对输入计算机的图像进行设计、分色处理和激光成像处理。加密狗的功能主要用于确保系统软件的正常运行，加密狗的安装位置是计算机上的USB接口。

3. 系统运行环境

金昌EX9000印花电脑设计分色系统软件在Windows 98/2000、Windows XP等中英文版本中均可运行。

三、系统窗口环境

金昌EX9000窗口（图2-1-1）主要包括系统标题栏、菜单栏、工具栏（包括主工具栏和辅助工具栏）、图形操作窗口（包括图像标题栏和图像操作区）、调色板、图像信息栏

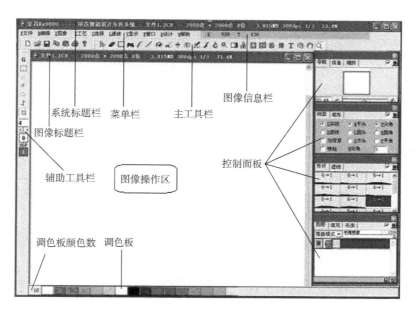

图2-1-1　系统窗口界面

和控制面板。

1. 系统标题栏

系统标题栏位于界面的最上方，显示软件名称，当前文件的名称、尺寸、格式、大小、分辨率、回头方式和显示比例等信息，如图2-1-2所示。

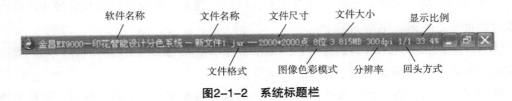

图2-1-2　系统标题栏

2. 菜单栏

菜单栏位于系统标题栏的下面，金昌EX9000的菜单栏包括文件、编辑、图像、工艺、选择、滤波、显示、窗口、设计和帮助10个主菜单，其中每个主菜单又包括各自的子菜单，菜单栏和"编辑"菜单的子菜单如图2-1-3所示。

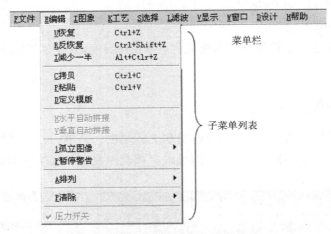

图2-1-3　主菜单及其相关子菜单

本系统可以采用以下两种方法进行菜单命令的操作。

（1）直接用鼠标"左键"单击主菜单名，再"左键"单击子菜单中的菜单名。

（2）使用"Alt"键和菜单名中带下划线的字母打开主菜单，然后按子菜单命令中带下划线的字母执行子菜单命令。例如，要执"编辑"菜单中的"恢复"命令，首先按"Alt"＋E键打开"编辑"菜单，然后按字母U键就可以执行"恢复"命令。

3. 工具栏

金昌EX9000的工具分布在主工具栏和辅助工具栏中，工具栏中的每个工具又包含多个功能，如剪刀工具包含"剪刀""剪中间"和"滚回头"三个功能，每个功能对应着一个图标。主工具栏和辅助工具栏包含的工具详见图2-1-4。

本系统可以采用以下方法选择工具中不同功能进行操作。

（1）直接用鼠标"左键"单击工具栏中的工具，再将鼠标移至图像操作区，点击"右键"可以实现功能键的切换。

（2）将鼠标置于图像操作区，直接按工具后面小括号中的字母，如"橡皮（E）"，可直接按字母"E"键，便可用该工具进行绘图操作。

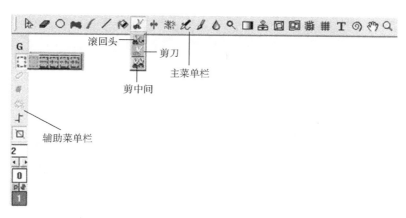

图2-1-4　工具栏

（3）每个工具下面包含多个功能（如"剪刀"工具下包含"剪刀""滚回头"和"剪中间"三个功能）。可用"左键"按住"剪刀"工具不放，便会出现下拉功能，再将鼠标"左键"移至相应的功能上，即可以应用该工具进行绘图操作。

（4）"左键"单击工具，在属性对话框中选择，例如，"橡皮"工具属性对话框如图2-1-5所示。

4.图像操作窗口

（1）图像操作区。"图像操作区"是指处理图像的工作区域，如图2-1-6所示。每个

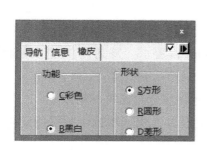

图2-1-5　"橡皮"工具属性对话框

图2-1-6　图像操作区

文件对应一个图像操作区，可根据实际需要，用鼠标对图像操作区进行放大或缩小，同一个界面上可同时摆放多个文件。

（2）图像标题栏。"图像标题栏"位于"图像操作区"的上面，显示当前文件的文件名称、尺寸、格式、大小、分辨率、回头方式和显示比例等信息，如图2-1-7所示。

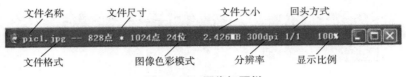

图2-1-7　图像标题栏

5. 调色板

"调色板"位于"图像操作区"的下面，显示图像操作区当前图像的颜色数，调色板所显示的颜色数显示在调色板的最左边，如图2-1-8所示。可以采用鼠标"左键"单击"前景色"色标或"背景色"色标弹出或隐藏调色板，或在"窗口"菜单中点击"调色板"亦可弹出或隐藏调色板。

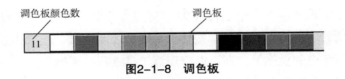

图2-1-8　调色板

注意事项：调色板的左端有一个数字（如上图中"11"）表示调色板中有多少种颜色，最大值为256；当数字小于256时，在调色板中单击"中键"（或"滑轮"）即可增加调色板中的颜色，每点击一次，增加2种颜色。

调色板的功能是用于简化某个图像调色板或统一两幅图像的调色板。执行"图像"菜单中"调色板"命令可完成如下操作：

（1）简化。将在调色板中有的而图像中没有的颜色从调色板中去除，其效果如图2-1-9所示。

（2）排序。将调色板中的颜色从浅到深进行排序，其效果如图2-1-10所示。

（3）合并调色板。一般用于两幅图像之间进行拷贝和粘贴时使用。合并调色板需要一个原调色板的图像文件，一个要合并的调色板的图像文件。一般以颜色丰富的调色板为原调色板。

①调色板合并方式。为满足不同需要，金昌EX9000设置了"复制合并""最佳合并"和"一一对应合并"三种合并方式。

a. 复制合并。两个调色板合并时，图像中相近的颜色将被合并成同一种颜色。

b. 最佳合并。指两个调色板合并时按颜色接近原理合并，保证图像中的颜色变化最小，可能图像中将有一部分颜色被合并成同一种颜色。

c.一一对应合并。合并过程中不减少图像的颜色数，以最接近原图的颜色进行合并。

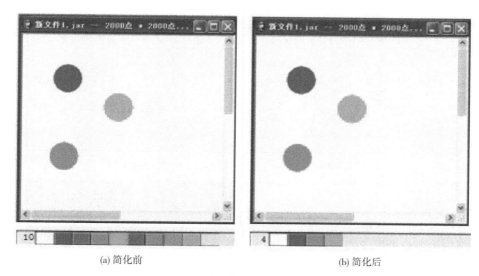

(a) 简化前　　　　　　　　　　　　　　(b) 简化后

图2-1-9　调色板中"简化"效果示意图

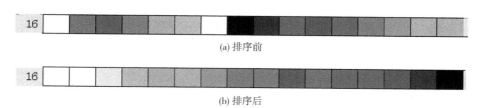

(a) 排序前

(b) 排序后

图2-1-10　调色板中"排序"效果示意图

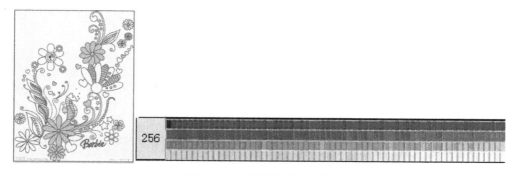

图2-1-11　原图及其调色板

(a) 打开的第二幅图像　　　　　　　　(b) 复制合并后

(c) 最佳合并后　　　　　　　　　(d) 一一对应合并后

图2-1-12　合并调色板示意图

②合并调色板操作。

a.打开原图像及其调色板，如图2-1-11所示。

b.执行"编辑"菜单中"拷贝"命令（或按"Ctrl"+C键），把当前图像拷贝到裁剪板中（即合并时以此图的调色板为准）。

c.打开另一图像，此时两幅图像的调色板不一致。

d.在"图像"菜单中，分别执行"调色板"的"复制合并""最佳合并"或"一一对应合并"命令可得相应的效果，如图2-1-12所示。

注意事项： 真彩色图像不能使用合并调色板功能。

6.图像信息栏

"图像信息栏"位于"菜单栏"的右边，显示图像的坐标、大小、倾斜度，如图2-1-13所示。

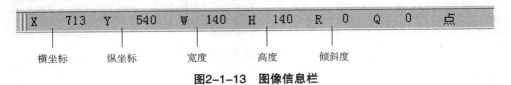

横坐标　　纵坐标　　宽度　　高度　　倾斜度

图2-1-13　图像信息栏

7.控制面板

金昌EX9000软件共有8个控制面板，通常浮动在图像上面，而不会将图像覆盖。控制面板通常放在屏幕的右边，用户也可根据需要拖放到屏幕的任何位置。

控制面板存放于"窗口"菜单中，可通过单击"窗口"菜单中的各个控制面板的命令将其显示或隐藏。此外，用户还可以按"Shift"＋"Tab"键显示或隐藏屏幕上所有的控制面板。

（1）导航器控制面板。"导航器控制面板"是以小窗口的形式显示用户正在编辑的图像，移动下面的滑块或单击按钮可缩小、放大图像，在中间面板中单击图像的某一位置，与其相对应的图像便可显示在窗口的中间（即左边窗口中显示的图像是右边红色方框中的位置），如图2-1-14所示。

图2-1-14 导航器控制面板

（2）信息控制面板。"信息控制面板"用于显示当前光标所在图像处颜色色彩值的信息，如图2-1-15所示。

图2-1-15 信息控制面板

（3）图层控制面板。"图层控制面板"显示当前该图像存在于多层结构中（图2-1-16），其具体功能与操作详见第二章第二节中"图层"部分。

（4）"毛毛虫"控制面板。"毛毛虫"控制面板中的各种参数用于绘画各种有规律的图形所组成的图像（图2-1-17），其具体功能与操作详见第三章第四节中"毛毛虫工具"。

图2-1-16　图层控制面板

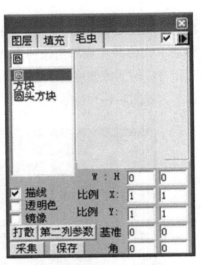

图2-1-17　毛毛虫控制面板

（5）其他控制面板。其他控制面板包括"线型/笔型"控制面板、"撒丝"控制面板和"形状/虚线"控制面板（图2-1-18），这几类控制面板常与撒丝、描茎等工具配合使用，其具体功能与操作详见第三章第四节。

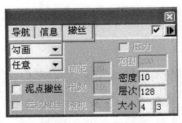

(a) "撒丝"控制面板

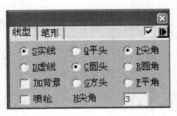

(b) "线型/笔型"控制面板

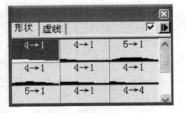

(c) "形状/虚线"控制面板

图2-1-18　其他控制面板示意图

第二节　基本概念

一、位图

位图（又称为点阵图像、光栅图）是由许多小方块一样的像素（pixels）组成，位图中的像素由其位置值与颜色值表示，即将不同位置上的像素设置成不同的颜色，就可以组成一幅图像。如图2-2-1所示，右图为左图放大的效果，可以看出像素的小方块形状与不同的颜色。所以，在位图上编辑操作，实际上是对位图中的像素组进行编辑操作，而不是编辑图像本身。由于位图能够表现出颜色、阴影的精细变化，所以它是一种具有

图2-2-1　位图

色调的图像，如照片、油画作品等的数字表示方式。金昌EX9000系统所产生的图像就是位图。

二、分辨率、图像尺寸与图像文件大小

1. 分辨率

图像在计算机中的度量单位是"像素（pixels）"，而图像在实际打印输出中的度量单位往往是长度单位，如厘米（cm）、英寸（inch）等，它们之间的关系是通过"分辨率"来描述的，即图像中每单位长度上的像素数称为图像分辨率，通常用"每英寸中的像素数"（Pixels per inch，ppi）来定义，可用下式进行计算。

$$分辨率=\frac{像素数}{图像线性长度}$$

同样尺寸的两幅图像，分辨率高的图像所包含的像素比分辨率低的图像包含的像素多，且前者更能清晰地表现图像的内容。例如，一幅1英寸×1英寸、分辨率为72ppi的图像含有5184个像素（72×72=5184），而同样尺寸、分辨率为300ppi的图像却含有90000个像素。反之，如果一幅图像所包含的像素是固定的，那么，增加图像尺寸，就会降低其分辨率。

屏幕的分辨率因显示卡及其设置不同而各不相同，计算机显示器的分辨率一般不超过96ppi。

打印机的分辨率（dpi）一般用每英寸线上的墨点表示，打印机分辨率决定了打印输出图像的质量，一般720dpi以上分辨率的彩色打印机就可以打印出较为满意的非专业用的彩色图像。

在EX9000系统中，图像文件的分辨率在设计中可根据实际需要而改变。如一幅同时包含云纹、色块和线条的云纹图案，扫描时采用150dpi的分辨率，而在设计时，必须将云纹与色块、线条区别对待，云纹在150dpi的分辨率下分色，而处理色块和线条时，要先将图案的分辨率调整到254dpi才能进行处理（因为只有在254dpi或更高的分辨率下，才能确保色块、线条圆滑而没有明显的锯齿）。

2. 图像尺寸

图像尺寸指的是图像的长与宽。在金昌EX9000系统中，图像尺寸可以根据不同的用途采用不同的单位来度量，例如，像素点（pixels）可用于度量屏幕显示的图像，英寸（inch）、厘米（cm）等用于度量打印机输出的图像。

一般常用的显示器的像素尺寸为640×480像素点、800×600像素点、1024×768像素点等，大屏幕或专用图形显示器的像素点还要高。在金昌EX9000系统中，图像像素可以直接转换为显示器的像素，即图像的分辨率高于显示器的分辨率时，图像将显示的比指定的尺寸大，如144ppi、1英寸×1英寸的图像在72ppi的显示器上将显示为2英寸×2英寸的大小。

注意事项： *图像在显示器上的尺寸与图像的打印尺寸无关，只取决于图像的像素及打印机的设置尺寸。*

3. 图像文件大小

图像文件大小用计算机存储的基本单位字节（B）来度量，1个字节由8个二进制单位组成（1B=8b），故一个字节的计算范围在十进制中为0~255，即2^8=256个数。

不同色彩模式的图像中每一像素所需字节数不同，灰度图像的每一个像素灰度由1个字节的数值表示；RGB（真彩色）图像的每一个像素颜色由3个字节（即24位）组成的数值表示；XMYK图像的每一个像素由4个字节（即32位）组成的数值表示，所以这种图像的表现较前两者细腻、精致。

一个具有100×100像素点的图像，不同色彩模式下的文件大小如下。

灰度图：100×100=10000 B=10 kB

RGB图：100×100×3=30000 B=30 kB

CMYK图：100×1000×4=40000 B=40 kB

4. 像素数、分辨率、图像尺寸、文件大小四者之间的关系

像素数、分辨率、图像尺寸、文件大小四者之间存在如下关系。

（1）像素数决定了图像文件大小，像素数越多，文件越大。

（2）像素数和分辨率共同决定了图像尺寸大小。像素数不变，分辨率越大，图像尺寸越小；分辨率不变，像素数越多，图像尺寸越大。

（3）图像尺寸不变时，分辨率与图像文件大小之间成正比例关系。因为分辨率越大，像素数越多，则图像文件越大。

注意事项：图像文件越大，占用的计算机内存和磁盘空间就越大，图像处理时间就会很长。所以，在进行图像处理前必须选择合适的分辨率。

三、图像的色彩模式

图像的色彩模式是数字世界中表示颜色的一种算法。由于成色原理不同，决定了显示器、投影仪、扫描仪这类靠色光直接合成颜色的设备和打印机、印刷机这类靠使用颜料的印刷设备在生成颜色方式上的区别。

理解图像的色彩模式是使用金昌EX9000软件进行图像处理的基础。EX9000中色彩模式主要包括位图模式、灰度模式、索引彩色模式（8位索引彩色模式）、RGB彩色模式（真彩色或24位索引彩色模式）、CMYK色彩模式。图像的色彩模式可以通过执行"图像"菜单中"格式"命令进行相互转换，在转换的过程中，因为色彩模式的不同，将会有部分色彩损失掉。

1. 位图模式

位图模式（Bitmap Model）图像的像素用一个二进制单位表示，即黑与白，所以位图模式的图像也叫作黑白图像，该模式的图像文件所占磁盘空间最小。由于位图模式只用黑白色来表示图像的像素，所以将图像转换为位图模式时将会丢失大量细节。

2. 灰度模式

灰度模式（Gray Scale Model）图像中的像素用一个字节表示，即每一个像素可以用0~255个不同灰度值表示，其中0表示最暗（黑色），255表示最亮（白色）。灰度值也可以用黑色油墨覆盖的百分比来表示，0%为白色，100%为黑色。使用黑色或灰度扫描仪产生的图像常以灰度显示。

3. 索引彩色模式

索引彩色模式（Indexed Color Model）图像中的像素用一个字节表示，是8位颜色深度的颜色模式，最多可以包含256种颜色。当一个RGB或CMYK图像转换为索引模式图像时，金昌EX9000系统将建立一个256色的色标存储并索引其所用颜色。这种模式下的图像质量不是很高，但是所占磁盘空间较少，一般可用于印花分色中的一些简单稿件。

4. RGB彩色模式

RGB彩色模式（RGB Color Model）是由红（Red）、绿（Green）、蓝（Blue）三个基本色光（即常用的加法混色三原色）组成。该模式图像中的每一个像素颜色用三个字节（24位）表示，每一种颜色又可以有0~255种亮度变化，所以它可以反映出大约16.7×10^6种颜色。

RGB彩色模式是屏幕显示的最佳模式，因为每叠加一次就增加一定红绿蓝亮度的颜色，其总亮度也有所增加，红、绿、蓝以适当比例相加可得白色。所有扫描仪、显示器、投影仪、电视、电影屏幕等显示设备都是采用这种模式。但是，这种模式的色彩如果超出了打印色彩的范围，打印结果往往会损失一些亮度和鲜明的色彩，所以该模式不适合用于打印或印刷设备。

5. CMYK彩色模式

CMYK彩色模式（CMYK Color Model）是一种依靠反光的色彩模式，由青色（Cyan）、洋红色（Magenta）、黄色（Yellow）、黑色（Black）四个基本色光组成，其中青色、洋红色和黄色称为减法混色三原色，由于该三种颜色很难叠加形成真正的黑色，所以引入黑色来加深暗部色彩。

CMYK模式也称作印刷色彩模式，是最佳的打印模式，所有打印与印刷设备都是采用这种模式。由于图像输入工具和显示器都是RGB模式，且RGB模式图像处理速度较CMYK模式快，所以一般先在RGB模式下处理图像，在打印之前将RGB模式图像转换为CMYK模式图像。

四、图层

1. 概念

"图层"是金昌EX9000系统中一个非常重要的概念，一个图层就像是一种透明的白纸，可以在这张"白纸"上画画，而没画上的部分保持透明的状态，可以看到"白纸"下面的图案，当在各种"白纸"上画完相应的图案后，将它们叠加起来就形成一幅完整的图像。那么问题来了，为什么不在一张纸上画呢？这是因为印花纺织品上的图案往往包含多种颜色不同图形，印花时每个颜色的图形制作一个印花网版，同时每个网版对应一个花稿，即不同颜色的图形需要画在不同的纸上，所以印花图案通常不能画在同一张纸上。

金昌EX9000通过图层功能应用，使图像组织结构清晰，不易产生混乱，图像的最终效果是几个图层叠加形成的结果。如图2-2-2（a）就是图2-2-2（b）~（d）三个图层叠加而得到的最终效果。

一个金昌EX9000格式文件，从层次上讲，一般包括以下几个部分。

（1）背景位于图像的最底层，对背景的操作和图层一样。

（2）一个金昌EX9000图像最多可以有30个图层，但也不是说每一幅图像都一定要包含图层。

（3）图层可以和更多工具（如提取、保护色、背景色等）结合，灵活应用。

2. 特点

图层有两个明显的特点。

（1）对一个图层所做的操作不影响其他图层，这些操作包括剪刀、填充、移动、拷贝和工具栏中各种工具的使用等。

（2）图层中没有图像的部分是完全透明的，有图像的部分也可以根据需要调整透明度。

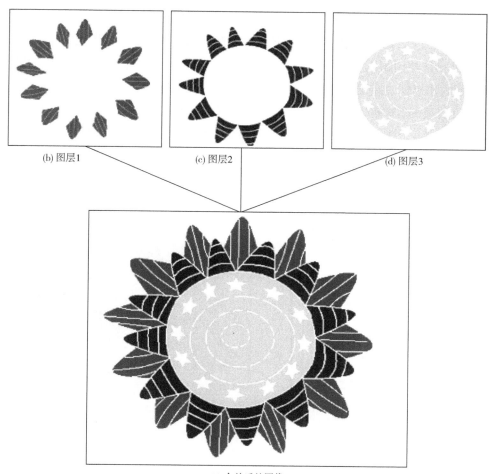

(b) 图层1　　(c) 图层2　　(d) 图层3

(a) 合并后的图像

图2-2-2　图层示意图

3. 操作

金昌EX9000系统中，图层的操作全部在"图层"控制面板中进行，下面对其相关操作进行详细介绍。

（1）新建图层。

①新建一个空白的图层。新建一个空白图层的方法有很多，具体操作步骤如下（图2-2-3）。

a. 单击"图层控制面板"右上角的▶，在下拉框中选择"增加"，或单击"图层控制面板"右下角的🔲，弹出一个新建图层对话框。

b. 选择新建图层的格式，即选中图层格式前的复选框。图层格式主要有"单色""多色""云纹"和"字体"四种。

c. 选中图层格式前的复选框后，点击"确定"按钮，即可创建一个新的图层。

②从文件夹中读取图层。除了新建一个空白图层外，也可以从文件夹中读取已保存的

图层。操作步骤基本同"新建一个空白图层"，只需在图2-2-3"新建图层对话框"中选中"从文件读取"，然后在弹出的"打开文件"对话框中选择需要的图层。

③新建一个文字图层。在处理图像的时候，往往要加入一些文字，金昌EX9000提供了两种文字工具。用鼠标"左键"按下工具栏中的 T 不放，即弹出两个文字工具 T 和 T*，其中 T 工具可在普通图层中输入文字，而 T* 工具是矢量文字工具，只能在文字图层中输入文字。

新建一个文字图层的操作步骤基本同"新建一个空白图层"，只需在图2-2-3"新建图层对话框"中选中 □ 字体，即新建了一个矢量文字图层，该图层将作为一个独立的图层存在。

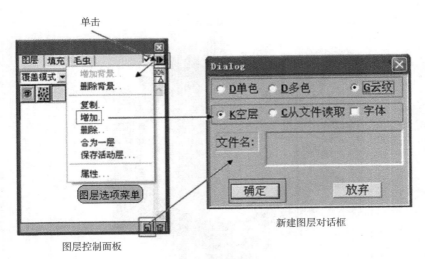

图2-2-3　新建空白图层

（2）删除一个图层。

a. 将要删除的图层设置为当前操作的图层。

b. 单击"图层控制面板"右上角的 ▶，在下拉框中选择"删除"，或单击"图层控制面板"右下角最右端的 🗑 按钮，系统弹出一个删除确认对话框，再次确定是否删除此图层。

c. 点击"是"，完成删除操作。

删除一个图层的示意图见图2-2-4。

（3）通过粘贴图像，拷贝整个文件图层。在需要粘贴的图像工作状态下，执行"编辑"菜单中"拷贝"命令，即使关掉当前图像，一样可以从剪贴板中粘贴出来。若想复制到当前图像上，执行"编辑"菜单中"粘贴"命令或按"Ctrl"+V键，粘贴的图像是被拷贝图像的底图，则所有的图层就同时被复制粘贴了。

（4）在图层上选取拷贝、移动。在图层上一样可以选取元素"拷贝""移动"等操作。在多层的情况下，可以采用"左键"单击 中的P，在弹出的对话框中选中要保护的图层号和颜色号，如图2-2-5所示。

用"提取 G"工具提取所要拷贝的元素,即可进行"拷贝""移动""旋转"等操作,具体操作详见第二章第三节"图像的提取"部分。

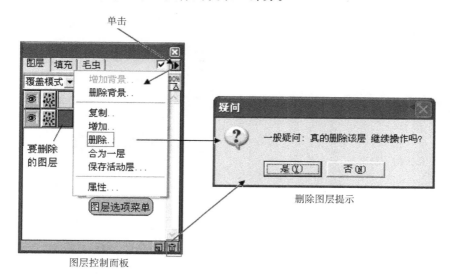

图2-2-4 删除图层

图2-2-5 保护、背景色对话框

(5)同时工作于几个图层。

①多个图层的选中与删除。想要对多个图层同时进行操作,就必须将多个图层同时选中。具体操作:按住"Ctrl"键的同时用鼠标"左键"单击图层控制面板中的图层即可;删除某个选中图层的操作,按住"Ctrl"键,"左键"单击图层控制面板中选中的图层。如图2-2-6所示,选中的图层显示为蓝色,未选中的图层显示为灰色。

②修改图层的排列。选中需要重新排列的一个图层,按住鼠标"左键"拖到目标位置放开鼠标即可。

③保存单个或多个图层。

a. 保存单个图层。选中需要保存的图层,在"文件"菜单中选中"保存活动层";(或在图层控制面板上按住 ▶),在弹出的对话框中选择"保存活动层"(图2-2-7),输入文件名即可。

b. 同时保存多个图层。在图层控制面板上同时选中要保存的多个图层(具体操作见

"多个图层的选择与删除"），再按照"保存单个图层"的操作进行，即可同时保存已选中的多个图层。

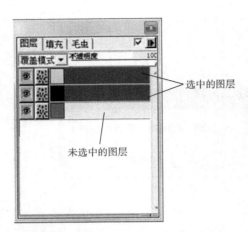

图2-2-6　同时选中多个图层示意图

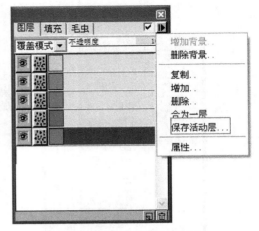

图2-2-7　保存活动层示意图

注意事项：*多个图层保存中输入的文件名是首个图层的文件名，以下的文件名是按顺序排号。*

（6）图层的合并。

"图层合并"可以使多个图层合并为一个RGB格式文件。点击"图层"控制面板上右上角的 ，在弹出的对话框中选择"合为一层"即可，合并后效果如图2-2-8所示。

注意事项：*此时的"合为一层"是对所有图层，所以合并前需注意设置好"覆盖模式"和透明度，合并后的文件格式为RGB。*

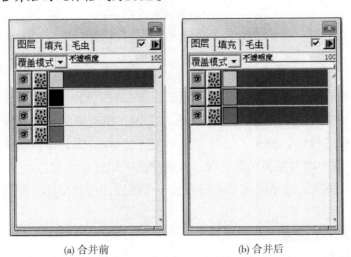

(a) 合并前　　　　　　　　　　(b) 合并后

图2-2-8　合为一层示意图

五、前景色与背景色

在金昌EX9000系统中，使用前景色进行填充、描线、喷绘等操作，使用背景色进行渐变填充、填充图像中被擦除的区域等操作。默认的前景色和背景色分别为1号色和0号色，如图2-2-9所示。

1. 前景色与背景色的切换

单击图2-2-9中的 按钮，即可完成前景色与背景色之间的切换。

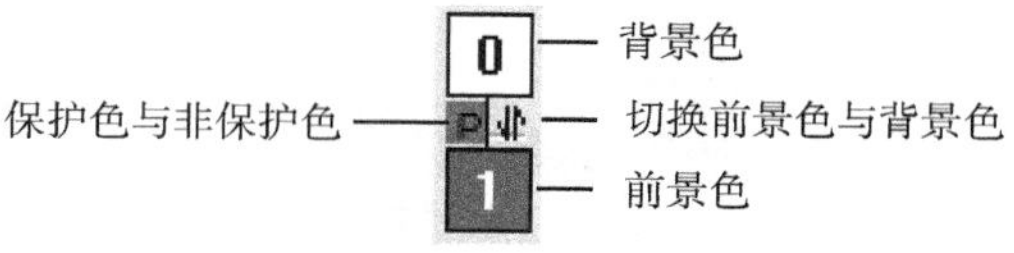

2. 前景色与背景色的选择或更改

（1）在调色板中选取。

采用鼠标"左键"单击图2-2-9中的"前景色"或"背景色"（或执行"窗口"菜单中"调色板"命令），在"调色板"相应颜色色块上单击"左键"，选取前景色，单击"右键"选取背景色。

（2）在色彩面板中选取。"右键"单击图2-2-9中的"前景色"或"背景色"，在弹出的色彩面板中颜色区域选取所需颜色，或在R、G、B等参数中输入相应的数字来定义颜色（图2-2-10）。

图2-2-9　前景色与背景色

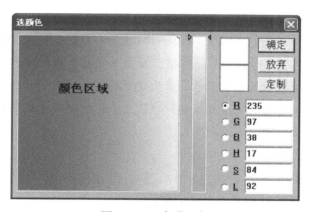

图2-2-10　色彩面板

（3）在图像中选取。

①真彩色图像（即RGB模式）。在图像中单击"中键"（或"滑轮"），鼠标变成吸管状，在图像上单击"左键"，则将点击处的颜色选取为前景色；单击"右键"，则将点击处的颜色同时选取为前景色和背景色。再次单击"中键"（或"滑轮"）退出颜色拾取。

②八位索引图（即索引彩色模式）。在图像中单击"中键"（或"滑轮"），鼠标变成吸管状，图像中鼠标所在位置的颜色变成黑色（即所要拾取的颜色）。在图像上单击"左键"，则将点击处的颜色选取为前景色，单击"右键"，则将点击处的颜色选取为背景色。再次单击"中键"（或"滑轮"）退出颜色拾取。

注意事项：对于单色图层，还可以用鼠标"左键"单击图层控制面板中的色标，在弹出的色彩面板中选取颜色（单击鼠标"左键"），如图2-2-11所示。

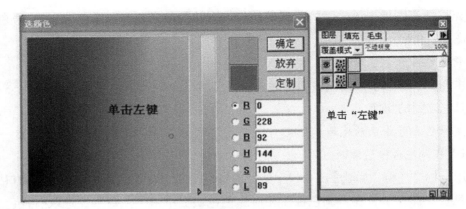

图2-2-11　单色图层前景色拾取示范

六、保护色与非保护色

保护色：在金昌EX9000系统中，在画图和修改过程中可以把一种或多种颜色保护起来，即不能在这些被保护的颜色上进行操作。

非保护色：其功能与保护色相反，即将一种或多种颜色设置为非保护色后，其他颜色便成为保护色，之后的所有操作则只能在被设置为非保护色的区域进行。

注意事项：一般情况设置非保护色，因为设置保护色在操作过程中很容易忘记这种颜色被保护，从而增加工作量。而在开始描稿过程中，通常将白色设置为非保护色（即其他颜色均被保护），以便于操作。

具体操作如下：

（1）"左键"单击图2-2-12中 🄿 或按"Ctrl"+B键弹出"保护、背景色"对话框，如图2-2-13所示。

（2）用"左键"在窗口单击需要设置为"保护色"或"非保护色"的颜色，将其选入"保护、背景色"对话框中，选择"保护色"或"非保护色"。

（3）单击"确定"即可。

设为保护色　　　设为非保护色

图2-2-12　"保护、背景色"颜色变化示意图

图2-2-13　"保护、背景色"对话框

七、提取色与透明色

当需要对某部分图像进行复制时，要用到提取工具。在用提取工具之前，首先要定义提取色和透明色。提取色即为要提取部分的颜色，透明色即为不想被提取部分的颜色，具体操作见第二章第三节"图像的提取"部分。

八、表面色与边界色

在使用漏壶工具填充颜色时，会根据需要来定义表面色和边界色。表面色是指当将一种或几种颜色定义为表面色，则这些颜色将成为被填充的对象颜色；边界色是指以一种或多种颜色为边界作为填充时的边界。如图2-2-14所示。具体操作见第三章第四节"漏壶"工具。

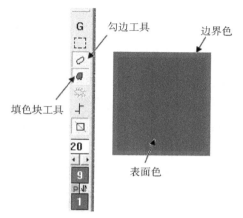

图2-2-14　表面色和边界色示意图

第三节　基础操作

一、系统配置设置

执行"文件"菜单中"系统配置"命令，弹出"系统一般配置"属性对话框，见图2-3-1。

（1）显示单位。改变图像尺寸、信息栏中的鼠标坐标、工具外形尺寸、标尺等工具的显示单位，有"毫米""英寸""丝米"和"点数"供选择。

（2）联通模式。有"4联通""6联通"和"8联通"三种模式，联通模式对漏壶工具、去噪工具起作用。

（3）需要警告。选中"需要警告"，计算机会发出警告声提示某次操作结束。一般用于发排室，当一个图像输出完成后以声音警告。

（4）文件预览。选中"文件预览"，则在"打开文件""另存为"的对话框中能预览文件的小图，与"打开文件"中的预览效果相同。

（5）走反样。选中"走反样"，对灰度稿图像进行缩放、旋转等操作时在边缘产生朦胧色。

（6）云纹外框。选择"云纹外框"，则云纹工具有外框，显示工具笔形的大小，如喷枪工具、模糊工具等。

（7）后悔次数。操作中可以恢复的次数，对"云纹"工具和"泥点"工具起作用，其他工具可以进行无数次的恢复操作。

（8）插值。在圆整时用，有"最近相邻""线性"和"高质量"三种选择。

（9）文件命名规则。自动处理时起作用，如"批量合并""领带加模子""批量连晒"等。

（10）光滑特性。对圆整起作用，在弹出的对话框中设定"自然台阶数"为1，并选中"兼顾相邻套色"。

（11）格栅与对齐线。用于设置"对齐线"的颜色、"格栅线"的颜色和规格。

（12）发排牛眼。选中"发排牛眼"，出片时，胶片上可出现方块和圆，否则，不出现方块和圆。

（13）jar格式。选中"jar格式"，保存为金昌EX9000印染专用格式的文件都为jar格式；如不选中，单色稿为*.jc1；图像中颜色不超过128色，且不用调色盘中128~255之间色号的图像为*.jc8；图像中颜色超过128色，且使用调色盘中128~255之间色号的图像为*.jcs；真彩色或多层方式的文件为*.jch；灰度稿为*.jcg。

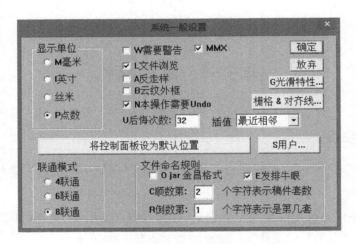

图2-3-1　"系统一般设置"对话框

二、尺子

1. 显示或隐藏尺子

执行"显示"菜单中"尺子"命令，"尺子"前打"√"，则标尺显示在窗口的顶端和左侧（图2-3-2）；"尺子"前不打"√"，则窗口中的标尺消失。

2. 更改尺子的显示单位

点击"文件"菜单，执行"系统配置"中的"一般特性"命令，在弹出的"系统一般设置"对话框（图2-3-1）中选择"显示单位"即可，可供选择的单位有毫米、英寸、丝米、点数。

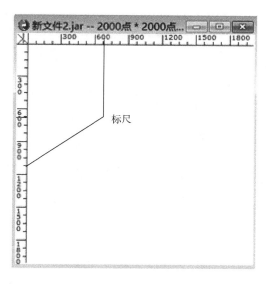

图2-3-2　执行"尺子"命令时的窗口

三、网格

默认情况下，网格显示为非打印直线。

1. 植入网格

执行"显示"菜单中"网格"命令，此时"网格"前打"√"，则窗口中显示网格线，见图2-3-3；"网格"前不打"√"，则窗口中的网格线消失。

2. 设置网格线参数

在"系统一般设置"对话框（图2-3-1）中选择 "栅格&对齐线"，在弹出的"栅格，对齐线配置"对话框（图2-3-4）中设置格栅线的颜色、类型和间距。

（1）颜色。"左键"单击"栅格颜色"后面的色块，在"选颜色"对话框中（图2-3-5）设置对齐线的颜色。

（2）类型。在"类型"下拉框中选择格栅线的类型（虚线、线、点）。

图2-3-3　植入网格线后的窗口

图2-3-4　"栅格，对齐线配置"对话框

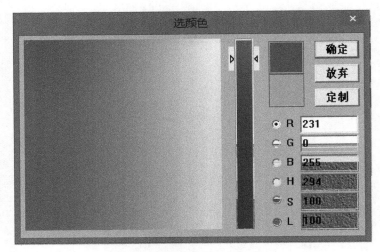

图2-3-5　"选颜色"对话框

（3）间距。在"格栅线每"后面的第一个框中输入数值，第二个框中选择单位（如毫米、丝米、英寸、点），在"分小格数"后面输入数值。例如，图2-3-4中设置表示，每100像素点有2小分格。

四、对齐线

对齐线是浮动在整个图像上的直线、45度斜线和135度斜线，不会被打印，但可以被移动、删除和锁定，为避免对齐线被不小心移动，可事先对其进行锁定。

1.创建对齐线

（1）执行"显示"菜单中的"尺子"命令。

（2）植入对齐线。

①在顶端标尺处按住"左键"，向下拖动鼠标，可植入水平对齐线。

②在左侧标尺处按住"左键"，向右拖动鼠标，可植入垂直对齐线。

③在左上角标尺交界处按住"左键"，可植入45度对齐线和135度对齐线。

2.移动对齐线

按住"Ctrl"键的同时，把鼠标移至对齐线上，当鼠标变成双向箭头时，拖动鼠标便可移动对齐线。

3.锁定对齐线

执行"显示"菜单中的"锁定对齐线"命令，先前植入的对齐线被锁定，而不能被移动。

4.删除对齐线

（1）删除单根对齐线。按住"Ctrl"键的同时，把鼠标移至对齐线上，当鼠标变成双向箭头时，将对齐线移至窗口之外即可。

（2）删除所有对齐线。执行"显示"菜单中"清除对齐线"命令即可。

5.设置对齐线参数

选择"系统一般设置"对话框（图2-3-1）中的"栅格&对齐线"，"左键"单击"栅格，对齐线配置"对话框（图2-3-4）中"对齐线颜色"后面的色块，在"选颜色"对话框中（图2-3-5）设置对齐线的颜色。

五、新建文件

"新文件"命令用于创建一个空白的、无标题的图像文件，执行"文件"菜单中"新文件"命令（或点击工具栏左边的 □ 图标），弹出"新文件"对话框（图2-3-6）。

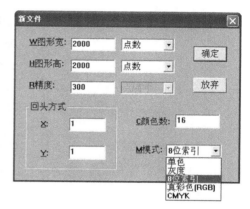

图2-3-6　"新建文件"对话框

（1）图形宽。指新图形文件的宽度，在前面框中输入数值，默认值为2000，后面框中选择单位，默认单位为"点数"（即像素点），可选择的单位有"毫米""英寸"和"丝米"。

（2）图形高。指新图形文件的高度，在前面框中输入数值，默认值为2000，后面框中选择单位，默认单位为"点数"（即像素点），可选择的单位有"毫米""英寸"和"丝米"。

（3）精度（即分辨率）。指新处理图像文件的精度，默认值为300dpi（点/英寸）。

（4）颜色数。指新图像文件的调色板中显示的颜色数量，默认值为16，可输入值范围为2~256。

（5）模式。指新图像文件的色彩模式，默认值是"8位索引"，可选模式有"单色""灰度""真彩色（RGB）"和"CMYK"。

（6）回头方式。指最小重复单元排列组合的方式，通过水平方向"X"和垂直方向"Y"两个方向重复次数比确定，默认回头方式为X：Y=1：1。

六、打开文件

"打开文件"命令用于打开已经存在的图像文件，或在"打开文件"对话框中对已经存在的文件进行重命名、删除、拷贝和更改属性等操作。

1.属性对话框

执行"文件"菜单中的"打开文件"命令，弹出"打开文件"对话框（图2-3-7）。

（1）目录。文件存放的地址（路径）。

（2）文件类型。选中需要打开的文件类型，可以打开的文件类型有*.jar（EX9000印花分色专用格式）、*.bmp、*.tif、*.pcx、*.tga、*.jpg、*.scf。

（3）大图预视。用于控制是否显示当前选中文件的大图。当"大图预视"前的方框中打"√"时，则图像信息栏上方出现选中的大图，在此大图上单击"左键"，则在列表框中出现一个更大的图，"右键"单击列表框中的大图，即可回到文件列表。

（4）预视。用于控制是否显示当前目录下的文件内容，当"预视"前的方框中打"√"时，则在文件列表框中显示文件的所有内容。

（5）图像信息。用于显示当前选中文件的信息，图像的信息包括图像色彩模式、图像尺寸、处理精度、回头方式、文件大小和存储时间。

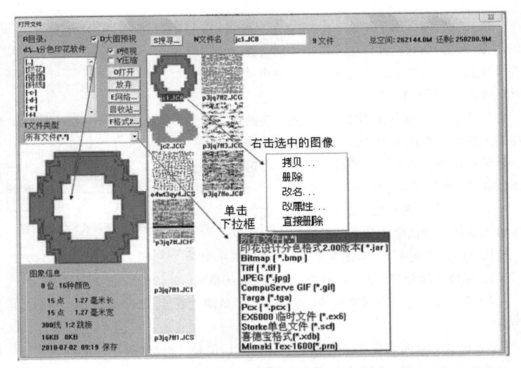

图2-3-7　"打开文件"对话框

2. 具体操作

（1）打开单个文件。

方法1：在"文件名"的后面输入需要打开的文件名，"左键"点击"打开"。

方法2：在文件列表框中，"左键"单击所要选择的文件，"左键"点击"打开"。

（2）同时打开多个文件。

方法1：按住"Ctrl"键的同时，用"左键"单击要选中的每一个文件即可。

方法2：按住"Alt"键，"左键"单击第一个文件，再"左键"单击最后一个文件，则第一个文件到最后一个文件中间的所有文件都被选中。

方法3：按住鼠标"左键"并拖动即可选中所有被圈住的文件。

（3）其他操作。"左键"单击选中的文件，再单击"右键"，则可出现"拷贝""删除""改名""改属性"和"直接删除"等功能，可根据需要进行相应的操作。

七、保存文件

"文件保存"共有4种不同的方法，分别为"保存""另存为""单色另存为"和"保存活动层"。

1.保存

用于把当前图像以原来的文件类型和文件名存盘。

2.另存为

用不同的文件类型或文件名保存当前图像。

注意事项：只有EX9000专用格式才能保存有多个图层的图像，若需保存为其他格式（如*.bmp、*.pcx、*.tif等），则需要把所有图层合并后才能保存。

3.单色另存为

（1）功能。用于保存图像中的某一种颜色。

（2）具体操作。

①把需要保存的颜色选为前景色。

②执行"文件"菜单中"单色另存为"命令。

③输入文件名，保存。

注意事项：当前图像为"单色稿"或"真彩色"稿时，不能选择"单色另存为"。

4.保存活动层

（1）功能。当图像由多个图层组成时，保存被选中的某一图层。

（2）具体操作。

①将要保存的图层选中。

②执行"文件"菜单中的"保存活动层"命令。

③输入文件名，保存。

八、恢复与反恢复

1.恢复

（1）功能。用于取消前面的操作，每次执行"恢复"命令，则取消上一步操作。

（2）具体操作。执行"编辑"菜单中的"恢复"（或者通过"Ctrl"＋Z组合）命令即可。

2.反恢复

（1）功能。用于恢复被"恢复"命令取消的操作，每次执行"反恢复"命令，则恢复被上一次"恢复"命令取消的操作，可一直执行到将所有被"恢复"命令取消的操作全部还原。

（2）具体操作。执行"编辑"菜单中的"反恢复"（或者通过"Ctrl"＋"Shift"＋Z组合）命令即可。

注意事项：当"恢复"命令执行到没有需要取消的操作时，"恢复"命令将恢复最后一次被"恢复"的操作（类似于"反恢复"命令）。

3. 减少一半

当操作次数较多时，执行"减少一半"命令后，只有一半的操作可以恢复。例如，画了30根撇丝，执行"减少一半"命令后，只有后画的15根撇丝能够恢复，先画的15根撇丝就不能被恢复。

注意事项：当操作次数为偶数n时，可被恢复的次数为$n/2$次；当操作次数为奇数n时，可被恢复的次数为$\left[(n-1)/2\right]+1$次。

九、选中与反选

"全选""清除选择""反选"位于"选择"菜单中，具体功能如下。

（1）全选。整个图像全部被选中。

（2）清除选择。去除图像中的选择区域。

（3）反选。把图像中已有选择区域去除，将原先未被选择的区域选中而形成一个新的区域。

十、拷贝与粘贴

1. 拷贝

（1）功能。用于将当前整个文件或文件上的选定对象复制到剪贴板上。拷贝可以实现同一文件内拷贝，也可以实现不同文件间的拷贝。

（2）具体操作。执行"编辑"菜单中的"拷贝"（或者通过Ctrl + C组合）命令即可。

注意事项：当第二次使用"拷贝"命令将新的内容复制到剪贴板上时，原剪贴板中的内容将被取代。

2. 粘贴

（1）功能。将剪贴板中的文件读取到当前窗口。

（2）具体操作。执行"编辑"菜单中的"粘贴"（或者通过Ctrl+ V组合）命令即可。

十一、图像层次排列

由于图像绘制有先后，所以图像在窗口中的排列有层次之分，开始画的图像在最底层，最后画的图像在最上层。"排列"命令用于更改图像的排列层次，只能与"普通移动〔〕"工具配合使用。

1. 排列方式

（1）上移一层。将选中的图形上移一层。

（2）下移一层。将选中的图形下移一层。

（3）最上面。将选中的图形移到最上面。

（4）最下面。将选中的图形移到最下面。

2.具体操作

方法1：用移动工具选中需要处理的图形 → 点击"编辑"菜单 → 点击"排列" → 选中需要执行的命令。

方法2：用移动工具选中需要处理的图形后，在"移动元素"工具导航器（图2-3-8）中选择需要执行的命令。处理效果示意图如图2-3-9所示。

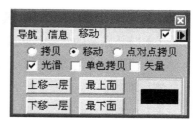

图2-3-8　"移动元素"工具导航器

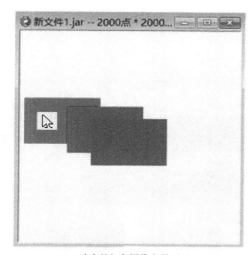

(a) 选中的红色图像在最下面

(b) 选中的红色图像上移一层

图2-3-9　更改图像层次示意图

十二、孤立图像

"孤立图像"命令位于"编辑"菜单中，用于锁定图像中的操作，使图像上的所有操作不能恢复。

十三、暂停警告

"暂停警告"命令位于"编辑"菜单中，用于取消操作完后的警告。

十四、激活活动区域

"激活活动区域"工具 📖 位于辅助工具栏，用于激活窗口中的某一区域供操作使用，区域外的范围将不能被操作。选择"激活活动区域"工具后，需用"几何图形"工具、"色块"工具、"撇丝"工具和"细茎"工具勾画出范围。"激活活动区域"工具主要有以下几种功能。

（1）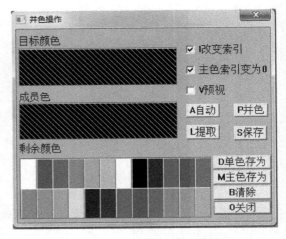去除原来的活动区域，增加一个新的活动区域。

（2）把原来的和新的活动区域相交的区域作为一个活动区域。

（3）去除原来活动区域中的一部分。

（4）在新的活动区域上减去原来的活动区域。

（5）原来活动区域的基础上增加一个活动区域。

注意事项：

（1）执行"选择"菜单中的"保存选择区域"命令，可以将设定的活动区域保存起来，以便下次使用。

（2）执行"选择"菜单中的"提取选择区域"命令，可以将以前保存过的选择区域（即激活的活动区域）提取出来。

十五、并色

"并色"命令位于"图像"菜单中，有"简单""低级""中级"和"高级"四种。其中"简单"是针对同一个图像文件的调色板进行处理，将图像中相近色调的颜色合并，以减少图像中的颜色，从而增大处理时所需的工作色。

执行"图像"菜单中"并色"命令，弹出属性对话框，如图2-3-10所示。

图2-3-10 "并色"属性对话框

1. 目标颜色

（1）选择目标颜色。在"剩余颜色"框中单击"左键"或在图像中单击"左键"来确定目标颜色，每单击一种颜色，"目标颜色"框中增加一种颜色，而"剩余颜色"框中减少被选中的颜色。

（2）删除目标颜色。在"目标颜色"框中双击"左键"可以把目标颜色删除。

2. 成员色

（1）选择成员色。可以在"剩余颜色"框中和图像中选择。

①在"剩余颜色"框中选择。按住"Shift"键的同时单击"左键"，确定第一个成员色，再在"剩余颜色"框中拖动鼠标，即可将起始位置到最后一号色的颜色全部加到成员色中。

②在图像中选择。单击"左键"确定第一个成员色，然后在按住"Shift"键的同时按住"左键"，在图像框中拖动鼠标，即可将鼠标点到的颜色全部加到成员色中。

（2）去除成员色。可在"目标颜色"框和"成员色"框中进行。

①在"成员色"框中双击"左键"，可去除非目标颜色的成员色。

②在"目标颜色"框中双击"左键"可去除目标颜色的成员色，当在"目标颜色"框去除最后一个颜色时，"成员色"框中的所有颜色将被同时去除。

3. 预视

选中"预视"，可以看图像合并后的效果，如果效果不好，可以去除成员色或目标颜色，重新选择。

4. 清除

同时去除目标颜色和成员色。

5. 单色存为

保存目标颜色的图像。当"目标颜色"框中有多个颜色时，在"目标颜色"框中单击"左键"选择一种颜色，单击"单色存为"即可将该颜色的图像保存。

6. 主色存为

保存调色盘中第二号颜色的图像。

7. 自动

选中一个目标颜色后，"左键"单击"自动"，系统自动将"剩余颜色"框中的颜色全部选择为成员色。

8. 并色

把所有成员色合并为目标颜色，图像调色板中的颜色减少。

十六、图像格式转换

金昌EX9000中色彩模式主要包括灰度模式、索引彩色模式（8位索引彩色模式）、RGB彩色模式（真彩色）、CMYK色彩模式，这几种色彩模式可以通过"图像"菜单中的"格式"命令进行转换。

1. 灰度

把其他格式的图像转换成灰度稿。

2. 8位索引

把其他格式的图像转换成8位索引的图像，具体可分为以下三种情况。

（1）当图像由真彩色模式转换成8位索引模式时，弹出"改变颜色数"对话框（图2-3-11），可在对话框中输入文件转换成8位索引后的颜色数，可以输入的范围为2~256。一般可以输入220左右，这样可以直接增加工作色作图，而不需要并色等操作；如果输入的颜色数过少，则原图的颜色变化少，不便于后续修改。

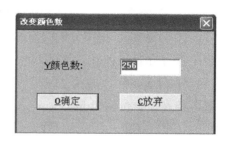

图2-3-11　"改变颜色数"对话框

（2）当图像由"8位索引模式"转换成"8位索引模式"时，弹出的"改变颜色数"

对话框中"颜色数"默认为当前文件调色板中的颜色数。当输入的颜色数小于调色板中的颜色数时，系统对图像进行并色；当输入的颜色数多于调色板中的颜色数时，则调色板中的颜色数量增加，而图像的色彩不变。

（3）当图像由灰度模式转换成8位索引模式时，不弹出"改变颜色数"对话框，且图像颜色不发生变化。

3. 单套色加网

将灰度稿转换为单色稿，在执行"单套色加网"命令时，弹出"单套色加网"对话框（图2-3-12）。

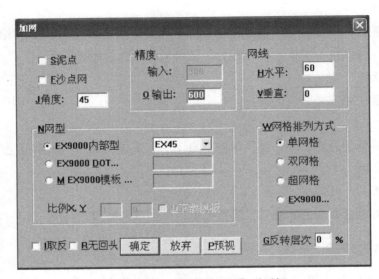

图2-3-12 "单套色加网"对话框

对话框中各项含义如下。

（1）泥点。根据"泥点"对话框（图2-3-13）中选择的泥点模式加泥点（图2-3-14）。

（2）沙点网。用沙点的方式对图像加点处理（图2-3-15）。

（3）角度。网点的连线与水平线的夹角，夹角为60°的示意图见图2-3-16。

（4）网线。每英寸内含有的点子数。分为水平和垂直两个方向，垂直方向处为0时，表示垂直方向和水平方向相同。

（5）精度。"输入精度"表示图像处理时的精度；"输出精度"表示加网之后单色稿的精度。单位均为dpi。

（6）网型。网点的形状（图2-3-16为链型网点的示意图），分为"EX9000内部型""EX9000 DOT"和"EX9000模板"三类。

（7）取反。在加网时原来的网点变成白点，原来没有网点的地方变成网点。

（8）网格排列方式。分为"单网格""双网格"和"超网格"，表示加网时网线的误差大小，"单网格"误差最大，"超网格"误差最小，"双网格"介于两者之间。

（9）预视。点击"预视"后，可在文件上看到加网后的效果。

（10）无回头。在加网后的文件上是否自动接回头，不勾选为自动接回头，勾选为不接回头。

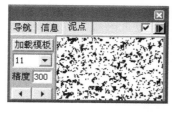

图2-3-13 "泥点"对话框

(a) 加网前　　　　　(b) 加网后

图2-3-14 泥点加网示意图

(a) 加网前　　　　　(b) 加网后

图2-3-15 沙点加网示意图

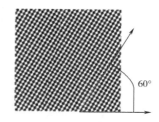

图2-3-16 夹角为60°，网型为链型的示意图

注意事项：

（1）EX9000内部型。主要有EX45、圆形、凹形、菱形、方形和线形6种。

（2）EX9000 DOT。在"EX9000 DOT"前的复选框中打勾时，即出现打开对话框，把*.dot文件读入，用DOT文件来说明网点的大小和形状，也可以自己制作*.dot文件。

（3）EX9000模板。在"EX9000模板"前的复选框中打勾时，即出现打开对话框读入模板。要求文件为灰度稿，文件名组成为JC****.jcg格式。选用"EX9000模板"时，"网线"不起作用，可用比例来调整网点间距。

十七、图像的放大与缩小

以不同的方式对图像进行不同比例的显示，在窗口的标题栏上显示缩放的百分比。金昌EX9000中可以用"放大镜""显示"菜单和"导航器控制面板"对图像进行放大与缩小。

1. 放大镜

放大镜工具位于主工具栏上。

（1）在图像上单击"左键"，即可把图像放大，每点击一次，放大2倍。

（2）在图像上单击"右键"，即可把图像缩小，每点击一次，缩小2倍。

（3）在要放大的部分按住鼠标"左键"并进行拖动，即可在可视的范围内对局部图案进行最大倍数的放大，如图2-3-17所示。

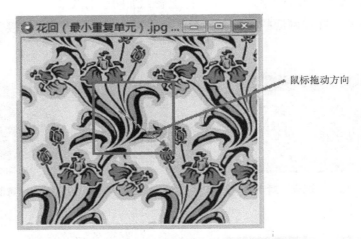

图2-3-17　放大镜对局部图案放大示意图

2. 显示菜单

（1）放大。

①"加一放大"是使图像按1∶1、2∶1、3∶1、4∶1、…方式放大。

②"乘二放大"是使图像按1∶1、2∶1、4∶1、8∶1、…方式放大。

（2）缩小。

①"减一缩小"是使图像按1∶1、1∶2、1∶3、1∶4、…方式缩小。

②"乘二缩小"是使图像按1∶1、1∶2、1∶4、1∶8、…方式缩小。

（3）缩放到一屏。不管图像所处的缩放百分比是多少，执行"缩放到一屏"时，图像调整为窗口尺寸的大小。

（4）缩放到1∶1。不管图像所处的缩放百分比是多少，执行"缩放到1∶1"时，图像调整为100%的比例。

注意事项：显示为100%的图像不是图像的实际尺寸大小，100%显示与显示器分辨率和图像的像素有关，与图像的处理精度无关，而图像的实际尺寸和图像的处理精度有关。

（5）实样大小。不管图像所处的缩放百分比是多少，执行"实样大小"时，图像调整为实样大小。

（6）整屏显示。"整屏显示"命令位于"显示"菜单，使图像充满整个屏幕，屏幕上只显示图像、主工具栏、辅助工具栏和相关控制面板，按"Esc"键退出整屏显示。整屏显示效果如图2-3-18所示。

3. 导航器

在"窗口"菜单中选择"导航器"，弹出"导航器"控制面板（图2-3-19）。

（1）在"导航器"控制面板中，"左键"单击"放大"按钮放大图像，"左键"单击"缩小"按钮缩小图像。

（2）在"导航器"控制面板中，拖动滚动条中的小滑块，向"放大"按钮方向拖动放大图像，向"缩小"按钮方向拖动缩小图像。

（3）在"导航器"控制面板中输入缩放百分比，即可将图像调整成相应大小。

图2-3-18　整屏显示效果示意图

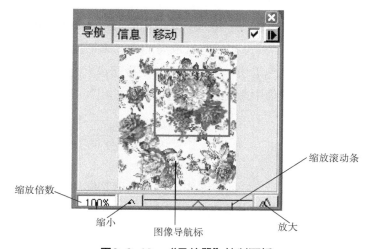

缩放滚动条

缩放倍数

缩小　　　图像导航标　　　放大

图2-3-19　"导航器"控制面板

十八、色阶调整

1. 层次调整

"层次调整"工具可用来修改灰度或彩色图像中的最亮处、最暗处和中间色调,并可随时用"吸管"工具精确地读出各位置在变化前后的色调值。

在"图像"菜单中,执行"调整"中的"层次调整"命令,弹出"灰度调整"对话框,如图2-3-20所示。

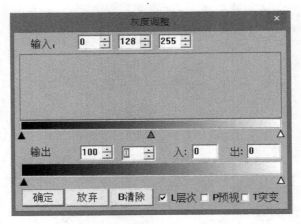

图2-3-20 "灰度调整"对话框

(1)输入。调整图像中选择区域的最暗和最亮色彩。"输入"的三个数值分别对应下面的三个滑块,第一个数值对应黑色滑块,该值表示图像中低于该亮度值的所有像素将变为黑色;第二个数值对应灰色滑块,它是图像中间灰度的亮度色阶,1为中性灰,小于1将提高中间亮度,大于1将降低中间亮度;第三个数值对应白色滑块,该值表示图像中高于该亮度值的所有像素将变为白色。"输入"处所作的调整是在增强明暗对比。

(2)输出。通过提亮最暗的像素和降低最亮的像素来缩减图像亮度色阶的范围。第一个数值对应灰度条件下的黑色滑块,该值为图像中最暗像素的亮度;第二个数值对应灰度条件下白色滑块,该值是图像中最亮像素的亮度。"输出"处所作的调整是在降低图像的对比度。

(3)层次。选中"层次","输出"中的数字表示百分比(0~100);不选中,则为颜色范围度量(0~255)。

(4)预视。选中"预视",可以在图像的窗口中看到移动滑块所产生的效果;若不选中,在窗口中移动滑块时,图像不会发生任何变化,此时只有"左键"单击"确定",才可以看到移动滑块后产生的效果。

(5)突变。改变"输出"中的白色滑块时,图像中白色部分不改变。

2. 曲线调整

在"图像"菜单中,执行"调整"中的"曲线调整"命令,弹出"曲线调整"对话框，如图2-3-21所示。

（1）阶调线。核心是亮度图表，反映设置的新旧亮度值的关系。横坐标表示"输入色阶"，即原图像中的数值；纵坐标表示"输出色阶"，即改变曲线后所得到的新数值。所以，曲线代表了"输入色阶"值与"输出色阶"值之间的关系。

（2）亮度杆。显示的是图标中亮值与暗值的方向，缺省状态"亮度杆"为由白到黑，即色彩以亮度值度量（百分比0~100），数值越小，亮度越高；"左键"单击"亮度杆"的双箭头，它将反向显示（由黑到白），色彩以颜色范围度量（0~255），数值越大，亮度越大。当"亮度杆"反向显示时，图标中的曲线也会自动翻转。

注意事项：　"左键"点击"亮度杆"上任意一点，可增加1个控制点，点击"右键"取消控制点；将鼠标置于控制点上，拖动"左键"可调整控制点的位置。

（3）输入/输出。显示图标中光标所在位置的亮度值或颜色百分比，其数值随着"亮度杆"形状的变化而变化。

（4）吸管工具。从左往右分别是"黑色吸管""灰色吸管"和"白色吸管"。用"黑色吸管"在窗口中单击图像，将使暗于所点击像素的所有颜色都变为黑色；用"白色吸管"在窗口中单击图像，将使亮于所点击像素的所有颜色都变为白色；用"灰色吸管"在窗口中单击图像，将使所点击颜色变为中性灰，并相应调整其他的色彩。

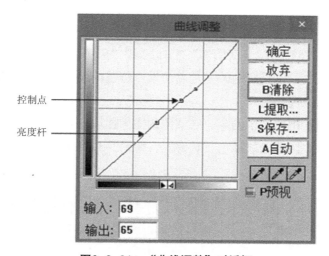

图2-3-21　"曲线调整"对话框

十九、改变工具形状与大小

1.改变工具大小

（1）选中工具后，按住"右键"沿对角线方向伸缩时，工具的高度和宽度等比例放大或缩小；沿水平方向伸缩时，工具宽度放大或缩小；沿垂直方向伸缩时，工具宽度放大或缩小。

（2）按住"Ctrl"键，鼠标只能沿水平方向或沿垂直方向伸缩，沿水平方向伸缩时，工具宽度放大或缩小；沿垂直方向伸缩时，工具宽度放大或缩小。

（3）按住"Shift"键，按住"左键"拖动时，只能沿对角线方向伸缩，工具的高度和宽度等比例放大或缩小；按"中键"时，工具变成高和宽相等的规则形状。

（4）在菜单栏右边的"辅助信息栏"（图2-3-22）中直接输入工具的大小，"W"为工具宽度，"H"为工具高度。在宽度和高度上输入相应的数值后，窗口中的工具将变成设定的大小。

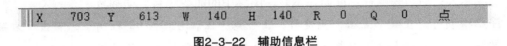

图2-3-22　辅助信息栏

2. 改变工具的角度

（1）按"R"键，进入工具旋转功能，移动鼠标，可进行任意角度的旋转。按"左键"确定所旋转的角度，并退出旋转功能；按"右键"撤销先前旋转操作，并退回到0度。每按一次"R"键，工具外形逆时针旋转45度。

（2）在菜单栏右边的"辅助信息栏"（图2-3-22）中的"R"处直接输入工具旋转的角度，按"Enter"键确定工具旋转的角度。

二十、图像的提取

"提取"工具 G 必须与"几何图像"工具 □ 或"色块"工具 联合使用，此时"几何图像"工具或"色块"工具所画的不是以前景色着色的几何图像或色块，而是把几何图像框内或色块内的图像提取出来。

"提取"工具用于把图像中的某一区域内的图像提取出来，用"右键"单击"提取"工具图标，即可弹出"拷贝选取颜色"对话框，如图2-3-23所示。

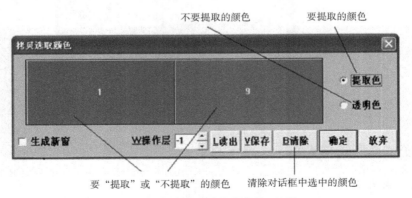

图2-3-23　"拷贝选取颜色"对话框

注意事项：

（1）勾选"生成新窗"时，提取出来的图像生成一个新窗口，但新窗口中往往存在黑色的背景色，见图2-3-24。

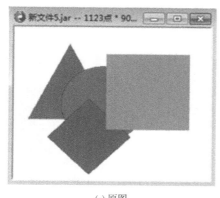

(a) 原图　　　　　　　　　　(b) "生成新窗口"示意图

图2-3-24　提取时"生成新窗"示意图

　　（2）不勾选"生成新窗"时，提取出来的图像浮动于窗口的最上层［图2-3-25（a）］，可用"移动工具"将其移动至窗口中的其他位置［图2-3-25（b）］，也可通过"复制"与"粘贴"移动至新的窗口中［图2-3-25（c）］。

　　（3）需要"提取"或"不提取"的颜色可从图像中或"调色板"中选取，当对话框中不选取颜色时，表示提取的颜色是全部颜色。

　　（4）提取的图像可以是单色稿，也可以是彩色图像。

二十一、橡皮与色替换

　　"橡皮"工具位于主工具栏中，分为彩色橡皮 （橡皮擦）和白色橡皮 （色替换）。二者的共同点是用背景色将图像擦除，不同点如下。

　　（1）"橡皮擦"受到"保护色"与"非保护色"的影响，即"橡皮擦"只能用背景色将"非保护色"的所有图案擦除。

　　（2）"色替换"不受"保护色"与"非保护色"的影响，但只能用背景色将前景色所绘的图案擦除。

　　注意事项："橡皮擦"与"保护色"和"非保护色"配合使用，可以完成"色替换"的功能。例如，要将图2-3-26中的绿色图案改为红色，分别应用"橡皮擦"和"色替换"来完成。

　　（1）橡皮擦。将绿色设置为"非保护色"，将红色设置为背景色，应用"橡皮擦"擦拭即可，如图2-3-27所示。

　　（2）色替换。将绿色设置为前景色，红色设置为背景色，应用"色替换"擦拭即可，如图2-3-28所示。

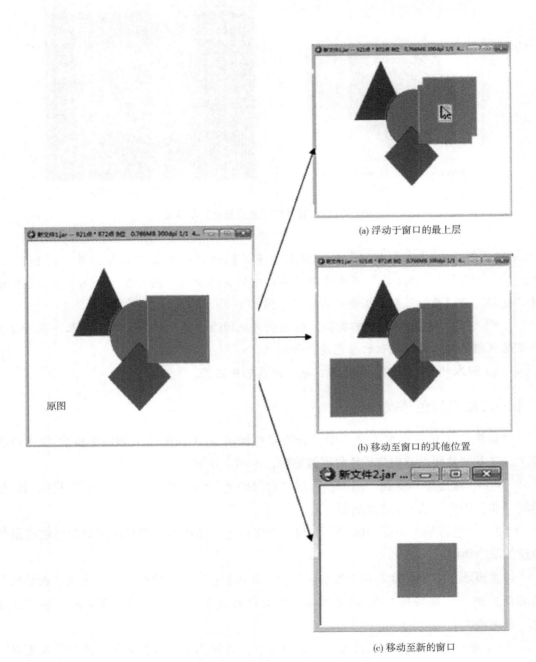

(a) 浮动于窗口的最上层

(b) 移动至窗口的其他位置

(c) 移动至新的窗口

原图

图2-3-25 提取时"不生成新窗"示意图

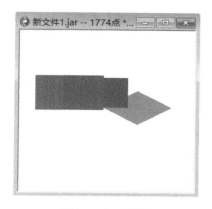

图2-3-26　原图

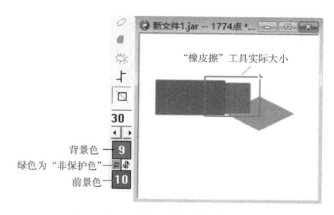

图2-3-27　"橡皮擦"擦拭效果示意图

二十二、拷贝移动元素

"拷贝移动元素"工具用于对选中的图像进行复制、移动、旋转、删除等操作，具有"拷贝移动 ⬚"、"普通移动 ⬚"和"点对点移动 ✛"三种功能。

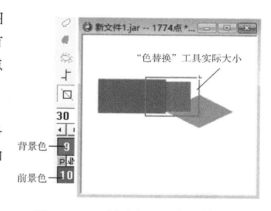

图2-3-28　"色替换"擦拭效果示意图

1.图像的选择与撤销

移动工具未选中对象时，图标右边带问号（？），即"拷贝移动 ⬚?"、"普通移动 ⬚?"和"点对点移动 ✛?"；当移动工具选中图像时，图标右边的问号消失。

（1）图像的选择。

①选择能用移动工具直接选中的图像。

a.选择单个图像。在要选取的图像上单击"左键"，即把当前的图像选中。

b.选择多个图像。按住"Shift"键的同时，单击"左键"逐个选择图形；或同时按住"Shift"键和"左键"，并拖动鼠标，即可将圈起来的区域中的图形全部选中。

②选择不能用移动工具直接选中的图像。用"提取"工具将要选中的图像提取出来，接着就可用移动工具进行选中。

（2）撤销选择。

①"拷贝移动"工具和"点对点移动"工具选中图像后，点击"Enter"键或单击"右键"撤销选中。

②普通移动工具选中图像后，点击"Enter"键撤销选中，点击"右键"为删除图像。

2.拷贝移动元素工具的具体操作

（1）拷贝移动。

①用"拷贝移动"工具选中要拷贝的图像。此时，拷贝待移动的图像浮于原图上层

（图2-3-29），原图保留。

②将鼠标拖至需要的位置，单击"左键"将拷贝的图像移至该位置，仍可继续将拷贝的图像移至其他位置（图2-3-30），需按"右键"或"Ctrl"+Z撤销选择；按"Enter"键时，将拷贝的图像移至该位置，同时撤销了选择（图2-3-31）。

图2-3-29　"拷贝移动"工具选择图像的示意图

图2-3-30　单击"左键"的拷贝移动示意图

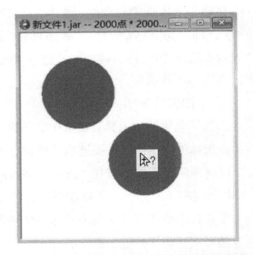

图2-3-31　按"Enter"键的拷贝移动示意图

（2）普通移动。

①将图像移动位置。选中图像后，将鼠标拖至需要的位置，单击"左键"将拷贝的图像移至该位置，同时撤销选中，并且原来位置处的图像已不存在。

②更改图像的层次。详见第二章第三节中"图像层次排列"部分。

③改变图像形状。对选中的图像进行旋转、缩放、变形等操作。具体操作为：选中图

像，按"Ctrl"+T进入调整状态，调整后，按"Ctrl"+T或"Enter"键确认，并退出调整功能。在按"Ctrl"+T或"Enter"键确认之前，单击"右键"取消调整。具体调整方式有以下几种。

a. 在菜单栏右边的辅助信息栏中直接输入坐标位置（X和Y）、宽度（W）、高度（H）、角度（R），即可调整成需要的图像。

b. 进入调整状态后，将鼠标置于图像边缘外部，拖动鼠标进行旋转，如图2-3-32所示。

c. 按"Alt"键拖动鼠标，沿对角线方向伸缩时，围绕中心点，上下左右4个方向同时等比例放大或缩小；沿水平方向伸缩时，围绕水平中心线，左右同时等比例放大或缩小；沿垂直方向伸缩时，围绕垂直中心线，上下同时等比例放大或缩小。调整示意图如图2-3-33所示。

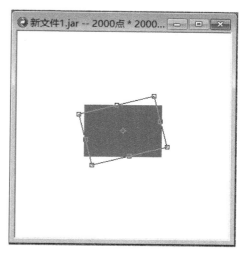

图2-3-32　旋转示意图

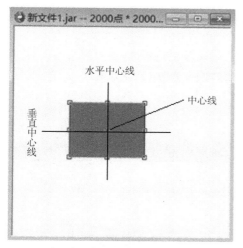

(a) 中心点、水平中心线和垂直中心线

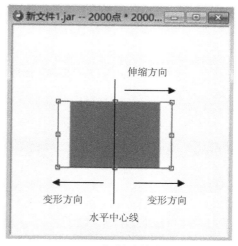

(b) 水平方向伸缩

图2-3-33　按"Alt"键拖动鼠标调整示意图

d. 按"Shift"键拖动鼠标，沿对角线方向伸缩时，图像的高度和宽度沿伸缩方向等比例放大或缩小；沿水平方向伸缩时，图像宽度沿伸缩方向放大或缩小；沿垂直方向伸缩时，图像高度沿伸缩方向放大或缩小。水平方向调整示意图如图2-3-34所示。

e. 按"Ctrl"键，"左键"按住"控制点"或"控制边"，可向任意方向拖动，构成该控制点或该控制边的两条线发生变换，如图2-3-35所示。

f. 同时按"Shift"键和"Ctrl"键，控制点为"点"时，只能沿着构成该控制点的两边中的一边进行调整［图2-3-36（a）］；控制点为"线"时，只能沿着该线两个端点的方向进行调整［图2-3-36（b）］。

　　g. 同时按"Shift"键、"Ctrl"键和"Alt"键，"左键"按住控制框4个角上的点向内部或向外部移动时，该控制点相连的一边和对边同时向中心线移动或远离中心线［图2-3-37（a）］；"左键"按住控制框4个边中间的控制点并拖动时，对边向相反的方向移动，相邻的两边发生倾斜［图2-3-37（b）］。

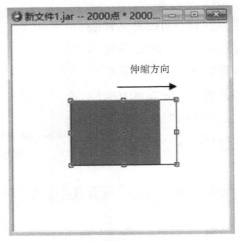

图2-3-34　按"Shift"键拖动鼠标调整示意图（水平方向）

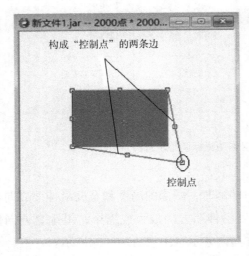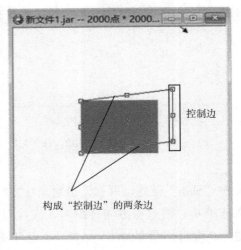

图2-3-35　按"Ctrl"键拖动鼠标调整示意图

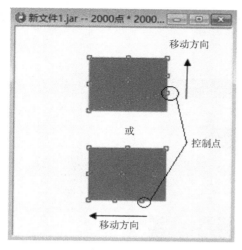

(a) 控制点为"点"

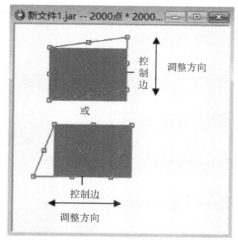

(b) 控制点为"线"

图2-3-36 同时按"Shift"键和"Ctrl"键时的调整示意图

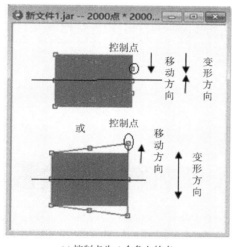

(a) 控制点为4个角上的点

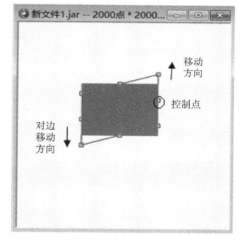

(b) 控制点为4条边上的中间点

图2-3-37 同时按"Shift"键、"Ctrl"键和"Alt"键时的调整示意图

（3）点对点移动。

①选中要移动的图像［图2-3-38（a）］。

②选共同点。

a. 选一组共同点。在要移动的图形上单击"左键"定义一个起点，将鼠标拖至终点，点击"中键"确定，图形被移至终点位置，且排在终点位置原有图像的下面一层［图2-3-38（b）］。

b. 选两组共同点。在要移动的图形上单击"左键"定义一个起点，将鼠标拖至终点，单击"左键"确定第一个终点；再在要移动的图形上单击"左键"定义第二个起点，将鼠标拖至第二个终点，松开鼠标，图像即可被移至目标位置，且排在目标位置原有图像的上面一层［图2-3-38（c）］。

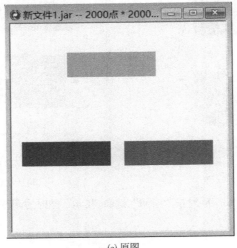

(a) 原图

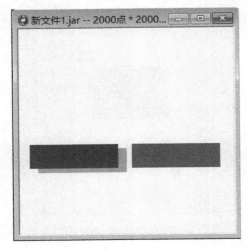

(b) 选一组共同点

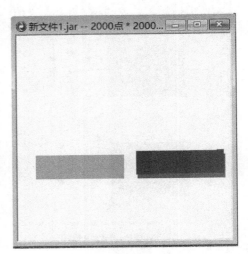

(c) 选两组共同点

图2-3-38 "点对点移动"示意图

二十三、斜线

"斜线"命令用于在整个窗口中创建斜线。

1. 属性对话框

执行"工艺"菜单中"斜线"命令，弹出"斜线"属性对话框，如图2-3-39所示。

（1）间距。两根斜线间的距离。

（2）角度。斜线与水平线之间的夹角。

（3）文件宽度。原文件的宽度大小。

（4）文件高度。原文件的高度大小。

（5）线宽：空白。线的粗细和线与线之间的空白比例，即线宽与间距之间的比例。

（6）调整。"左键"点击"调整"，对"间距"和"角度"或"文件宽度"和"文件高度"进行调整，使图像在连晒时能够上下左右都衔接好，如图2-3-40所示。

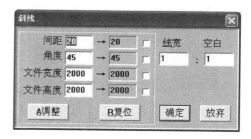

图2-3-39 "斜线"对话框

（7）复位。"左键"点击"复位"，各项参数恢复到原来的位置。

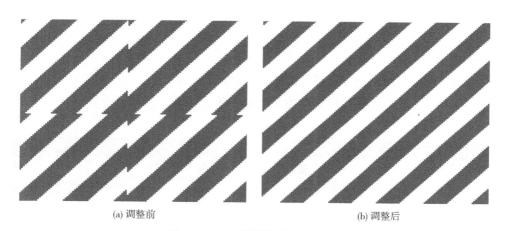

(a) 调整前 　　　　　　　(b) 调整后

图2-3-40 "调整"处理效果图

注意事项：

（1）"间距""角度""文件宽度"和"文件高度"都有两个数值，前一个数值是原参数，后一个数值是调整后的参数。选中第二个数值后的复选框，表示该项数值不调整；反之，该项参数进行调整。

（2）当只需在图像的某一种或某几种颜色上加斜线时，则选中保护色或非保护色即可。

2. 具体操作

例如，在图2-3-41（a）中的红色图像上加斜线，间距为16个像素点，线的粗细为4个像素点，角度为45度。

（1）将红色设置为"非保护色"。

（2）执行"工艺"菜单中"斜线"命令。

（3）在"斜线"对话框中，设置"间距"为16、"角度"为45度，"线宽：空白"为1:4，如图2-3-42所示。

（4）"左键"点击确定，绘制效果如图2-3-41（b）所示。

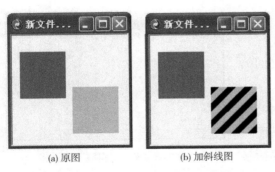

(a) 原图   (b) 加斜线图

图2-3-41 "加斜线"效果示意图

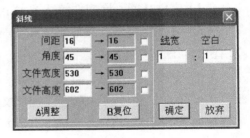

图2-3-42 参数设置

二十四、虚线

具体操作如下。

（1）在"线型"对话框中选择"虚线"，如图2-3-43所示。

（2）在"虚线"对话框中设置"虚线"的参数，如图2-3-44所示。

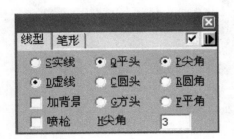

图2-3-43 "线型"对话框

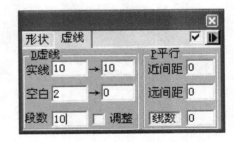

图2-3-44 "虚线"对话框

①实线。表示虚线中的实线部分，前面一个数值表示实线最粗端的细度，后面一个数值表示实线最细端的细度。

②空白。表示虚线中空白部分，前面一个数值表示空白最粗端的细度，后面一个数值表示空白最细端的细度。

③段数。表示虚线中有几段实线。

④线数。表示同时画出几根平行的虚线。

⑤近间距。表示一步画出的几根平行虚线间的最小距离；"远间距"表示一步画出的几根平行虚线间的最大距离。

"虚线"参数设置及其绘制如图2-3-45所示。

注意事项：

（1）完成"虚线"参数设置后，"几何图形"工具、"色块"工具、"撇丝"工具、"细茎"工具、波浪线和螺旋线绘制的均为虚线。

（2）完成虚线绘制后，须将"线型"对话框中的"虚线"改为"实线"，同时将"虚线"对话框中所有参数设置为"0"。

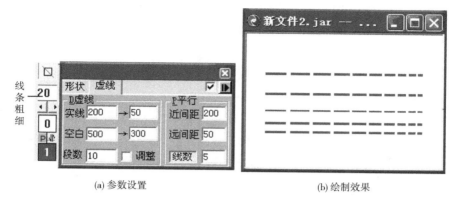

(a) 参数设置　　　　　　　　　　　　(b) 绘制效果

图2-3-45　"虚线"参数设置及其绘制

二十五、屏幕裁剪

"裁剪"工具 ▢ 位于辅助工具栏。选择"裁剪"工具时，只能在当前屏幕上操作，超出当前屏幕的部分图形被裁剪掉，如图2-3-46（a）所示；反之，超出当前屏幕的部分图形不被裁剪掉，如图2-3-46（b）所示。

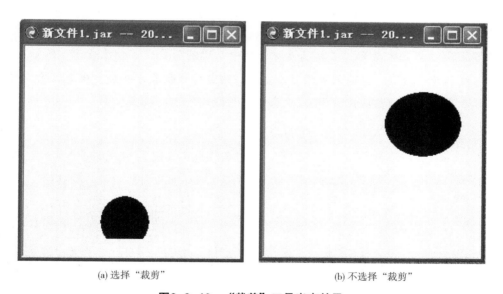

(a) 选择"裁剪"　　　　　　　　　　　　(b) 不选择"裁剪"

图2-3-46　"裁剪"工具出来效果

二十六、立体贴面

"立体贴面"工具 ▦ 用于将设计好花型的面料进行有目的的着装，试看花型模拟效果。

（1）打开要着装的文件，如图2-3-47所示。

（2）"左键"单击"立体贴面"工具图标即可选中该工具，弹出属性对话框，如图2-3-48所示。

（3）选中"基本网格"，鼠标变成"逐点"工具，用逐点工具沿着装图形边缘进行描边。单击"左键"确定拟合点，单击"中键"，确定线段，当画完四条线段时，形成一个闭合网格。画好网格后的文件如图2-3-49所示。

（4）在属性对话框中选中"调整栅格"，将鼠标置于控制点或栅格线上，按住"Ctrl"键移动鼠标，可对栅格进行调整。

（5）打开设计好的图像。

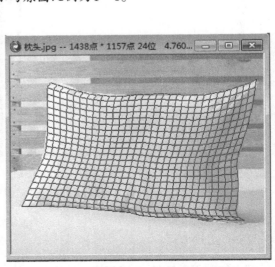

图2-3-47　需要着装的文件

（6）在"图层"控制面板中选择"填充"，用"左键"单击"填充"控制面板中的"采集"，将设计好的图像采集，如图2-3-50所示。

（7）切换到需要着装的文件。

（8）打开"立体贴面"工具属性对话框，在"比例"后面的输入框中输入数值，调整着装在枕头上的图像大小，再用"左键"单击"着装"，即可实现模拟效果，如图2-3-51所示。

注意事项："立体贴面"工具属性对话框中"比例"是以百分比表示（例如：100表示与原图比例为1∶1），左边的数值表示宽度，右边的数值表示高度。当不需要调整比例时，宽度和高度的比例默认值均为0，也表示与原图比例为1∶1。

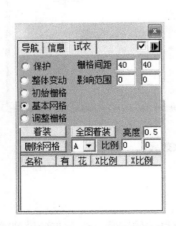

图2-3-48　"立体贴面"工具属性对话框

图2-3-49　画好网格后的文件

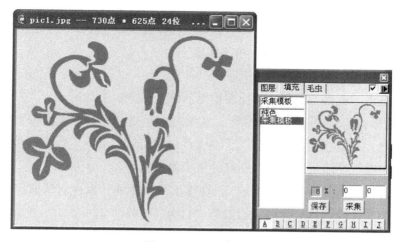

图2-3-50 图像采集

(a) 比例为（100,0）

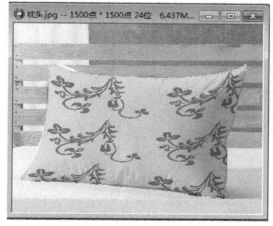

(b) 比例为（100,50）

图2-3-51 着装效果示意图

二十七、栅格

"栅格"工具 ⊞ 用于绘画彩条和格子图案。

1. 属性对话框

"左键"点击"栅格"图标，弹出属性对话框，如图2-3-52所示。

（1）调整栅格。选中"调整栅格"，在文件中单击"左键"画出垂直线，单击"右键"画出水平线；不选中"调整栅格"，在文件中单击"左键"可以用前景色填充画好的格子，单击"右键"可以用背景色在画好的格子填充斜线。

（2）斜线。"左键"单击"斜线"，在弹出的"斜线"属性对话框（图2-3-53）中设置斜线参数，具体操作详见第二章第三节"斜线"部分。

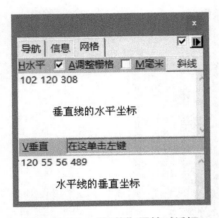

图2-3-52　"栅格"属性对话框

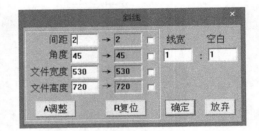

图2-3-53　"斜线"属性对话框

（3）水平。"水平"下面的窗口中显示垂直线的水平坐标，第一个数值为最左边一根垂直线离最左边的距离，中间的数值为相邻两根垂直线之间的距离，最后一个数值为最右边一根垂直线离最右边的距离。

（4）垂直。"垂直"下面的窗口中显示水平线的垂直坐标，第一个数值为最上边一根水平线离最顶端的距离，中间的数值为相邻两根水平线之间的距离，最后一个数值为最下边一根垂直线离最下边的距离。

（5）毫米。选中"毫米"，"水平"和"垂直"下面数字的单位为毫米，反之，单位为像素点。

2. 具体操作

（1）新建一个文件。

（2）单击"格栅"工具，在弹出的对话框中选中"调整格栅"。

（3）栅格线的创建与删除。在窗口中单击"左键"画出垂直线，单击"右键"画出水平线。将鼠标移至栅格线处，按住"Shift"键或"Ctrl"键的同时，点击"右键"即可删除栅格线。

（4）调整栅格线的位置。将鼠标移至栅格线处，按住"Shift"键或"Ctrl"键的同时按住"左键"，拖动鼠标即可将栅格线移至需要的位置。

①按住"Shift"键移动栅格线时，所移动的栅格线左边或上面的栅格线同时被移动；

②按住"Ctrl"键移动栅格线时，所移动的栅格线右边或下面的栅格线同时被移动；

（5）对格子进行填充。取消对"调整格栅"的选择，单击"左键"，用前景色对格子进行色块填充；单击"右键"，用背景色对格子进行斜线填充。填充效果如图2-3-54所示。

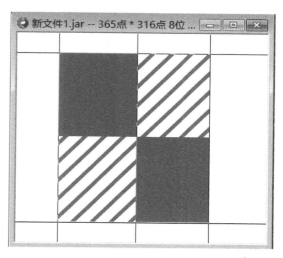

图2-3-54　"栅格线"填充效果示意图

注意事项： "格栅"填充操作结束后，点按其他工具时，格栅线消失。"格栅"主要用于在窗口中某一固定区域进行"色块填充"或"斜线填充"。

二十八、抖动

"抖动"命令位于"显示"菜单，使当前图像中被选为前景色的颜色变黑，其他颜色变淡。处理效果如图2-3-55所示。

(a) 原图

(b) 抖动图

图2-3-55　"抖动"效果示意图

注意事项:

(1)执行两次"抖动"命令,图像恢复到原样。

(2)执行"抖动"命令后,单击"中键"后在图像中单击"左键",可以更换"抖动"的颜色。

第三章 印染CAD操作与技巧

第一节 印染CAD操作流程

计算机分色是印染CAD的核心部分，其工作原理是：在计算机中对花稿进行设计、分色与描绘等处理，形成单色稿件，然后将单色稿件以数字信号的形式传输给激光照排机，发出单色稿胶片。印染CAD操作流程如图3-1-1所示。

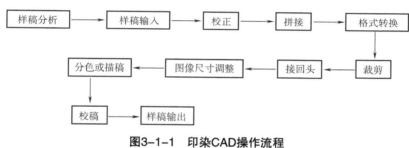

图3-1-1 印染CAD操作流程

一、样稿分析

样稿是指准备进行分色制版处理的原始图案，一般分为布样和纸样。在分色制版之前，需要分析出布料成分（纤维种类）、布料的经纬向、印花方法、花回连晒方式、颜色套数、印花时的排版顺序等内容。分析正确，不仅有利于分色与描稿的顺利进行，而且是印制出与原样符合面料的关键。

1. 布料成分

纤维种类与染料之间存在对应关系，不同的染料之间又存在性能差异。纤维种类分析正确，才能印制出客户需要的产品。纤维种类分析方法主要有手感触摸法、燃烧法、着色法、化学试剂溶解法、截面观察法（SEM电镜）、热分析法（TG）等。

2. 布料经纬向

确定了原样的经纬向，才能确定印制时花回的连晒方式。确定布料经纬向的方法一般有以下几种。

（1）如果有布边，则与布边平行的方向是经向，另一方向是纬向。

（2）一般经向纱线密度大，纬向纱线密度小。

（3）筘痕明显的布料，筘痕方向为经向。

（4）股线方向为经向，单纱方向为纬向。

（5）Z捻向为经向，S捻向为纬向。

（6）捻度大的多数为经向，捻度小的多数为纬向。

（7）弹性小的多数为经向，弹性大的为纬向。

（8）纱线条干均匀、色泽较好的多数为经向。

3. 印花方法

筛网印花有平网印花和圆网印花之分。圆网周长主要为641.6mm，花回尺寸与641.6mm成倍数关系，则是圆网印花；花回尺寸与641.6mm不成整数倍关系，则是平网印花。

4. 花回连晒方式

如果样稿由多个花回重复组成，分析花回排列组合方式；如果样稿花回不全时，需要根据原稿精神，设计出完整的花回。

5. 颜色套数

分析图案由几套（几种）颜色组成，确定分成几个单色版。尽量用最少的颜色印制出最接近原样的风格。

6. 印花时的排版顺序

根据图案形状、色彩浓淡、印制方法对单色版进行排序。

（1）平网印花。平网印花适合印制有精细线条或精细度要求高的花纹。一般按照从细到粗，从深到浅；复白在前，雕白在后的规律进行排版。其主要可分为以下几类。

①大面积花型排在前面印制时，由于连版刮印极易产生压糊，排版时应执行花型细小、稀疏的在前，粗大、密满的在后。

②为了保证浅色花纹的鲜艳度，一般把浅色花纹版排在后面，以防被深色花版所压，但有深浅版互叠时，则应将深色排在前、浅色排在后。

③雕白在后，既可以防止拔染剂影响其他色浆的稳定性，又能保证自身花纹的轮廓清晰度。

④色泽之间不相接或者有黑色间隔时，黑色在前，其余色泽可任意排列，但大块面的色泽排在最后。

⑤相互要求严格对花的色泽，则邻接或靠近排列。

（2）圆网印花。

①花样中花型是交叉重叠的，应从深到浅排列。

②花样中各花型相互脱开的，一般将对花接近的排在一起。

③对花要求高的花样，除注意合理的借线搭色外，其排列应尽量靠近。

④花型面积大的圆网，一般排列在前面。

⑤细点、细茎的圆网，一般排列在前面。

⑥深色块面与浅满地圆网之间可考虑加一只光板圆网。

⑦防印印花工艺中，防印色浆排列在前面，被防印色浆的圆网排列在后面。

⑧金、银粉印花，罩印浆印花等特种印花，一般将其排列在最后。

二、样稿输入

将布样或纸样花稿原件录入计算机中。多数原稿是布样，易发生褶皱，在扫描之前需将其熨平。为防止布样在扫描时发生扭曲，最好用硬纸板将其固定后再扫描，轻薄织物尤为重要。

对于精度要求不是很高的床单类大布样，可以通过数码相机拍照输入电脑。

三、校正

样稿输入时，尽量避免图形发生变形。如果客户提供的是发生变形的电子稿件，则需要对其进行校正处理，即将图像在扫描过程中产生的变形矫正成端正的图像（或将图像中不在同一水平或垂直线的点校正到同一水平或垂直线上）。

四、拼接

当来样最小花回尺寸较大时，需要分几次扫描完成，需要通过拼接处理，将分次扫描的图像拼接成一幅完整的图像。为了减少计算量（文件大小），通常将其他格式的文件转换成8位索引格式，然后再进行拼接。

五、格式转换

扫描或拍照形成的文件通常为RGB格式（即24位真彩色），它拥有百万种颜色，而且占用空间大。为了减少计算量（文件大小），通常将其转换成8位索引格式。

六、裁剪

当输入样稿由多个花回排列组成，则需要将其裁剪成稍大于一个花回的图像，以减少分色与描稿的工作量。

七、接回头

找出最小重复单元，即花回。为保持花样的一致性和对称性，应该获取最小花回进行修改、分色与描稿。

八、图案尺寸调整

将图像的花回尺寸调整到实际需要大小，以满足印染设备要求，特别注意经向尺寸（计算机显示屏垂直方向）。例如，实际花回尺寸为220mm时，而圆网周长为641.6mm，则需要把花回尺寸缩小到213.87mm，才能使花回连晒3次后达到圆网周长。

九、分色或描稿

分色或描稿的目的在于，将样稿中不同颜色的图案分离出来，形成单色稿，以便于后续的制网和印花。

对于色彩均匀的图案，可采用分色实现分离。但是，布样不平整的表面致使扫描形成的图像色彩发生变化，均匀的颜色会变成由多种相近颜色的色点组成，因此需要对图像进行重描，以保证色彩与样稿的一致性。

十、校稿

分色或描稿后，需要对单色稿进行仔细检查，以确保印制图案与样稿的一致性。检查方法一般为：将样稿放在底层，通过"图层"控制面板中"从文件夹中读取"打开单色稿件，并将其覆盖在样稿上进行仔细比对，需要对每一个单色稿进行检查。

十二、样稿输出

将分色或描稿形成的单色稿件感光制作黑白胶片，或通过激光成像机成像，获得符合印花生产要求的黑白胶片的过程。

第二节　图像输入与预处理

样稿图像需通过扫描仪等图像采集设备输入计算机，再经过"校正""拼接""裁剪""接回头"等操作将样稿图像预处理成最小重复单元（或花回），然后再根据需要选择相应的工具进行分色、描稿处理。

一、图像扫描

图像扫描是指采用电子设备将布样或纸样花稿原件录入计算机，电子设备可以是扫描仪、数码照相机、手机等具有摄影功能的设备。金昌EX9000系统具有选择扫描仪的功能，与扫描仪建立链接。

具体操作步骤如下：

将原稿正面朝下摆正，放在扫描仪上→单击"文件"菜单→选择"扫描"→选择"单张扫描"→弹出扫描仪对话框→预览窗口→预扫（将扫描仪中的图像全部显示在预览窗口中）→查样稿是否摆放端正（若端正，进行下一步操作；若不端正，需重新摆放样稿，并重新预扫）→设置扫描模式（一般选择真彩色或RGB模式）、分辨率、单位等参数→确定扫描花型的范围（窗口中将显示确定花型的尺寸大小）→选择保存路径→扫描→完成图像输入。

注意事项： 因为原稿大多为布样，扫描时图像易发生变形，从而增加分色描稿的难度，轻薄样稿最为严重。所以，扫描时需尽量将样稿摆放端正，对于轻薄织物，可采用相应措施将其固定后再进行扫描。

二、图像校正

图像校正是指将图像在扫描过程中产生的变形矫正成端正的图像，即将图像中不在同一水平或垂直线的点校正到同一水平或垂直线上。

金昌EX9000中，可以采用"校扭"工具完成，"校扭"工具包括"旋转▣""剪切▨""随意网格▦"和"规则网格▦"四种校正方法，前两种是对整幅图像进行校扭，后两种是对图像中的局部花型进行校扭。"校扭"工具属性对话框如图3-2-1所示。

1. **"旋转▣"校扭**

"旋转"用于将图像中不在同一水平线或垂直线的点校正到同一水平方向或垂直方向。其具体操作如下。

图3-2-1　"校扭"工具属性对话框

（1）打开文件（图3-2-2），欲将文件中倾斜的矩形校正为水平状态。

图3-2-2　原图文件

（2）在"校扭"工具下拉菜单中选择"旋转"，"校扭"工具属性对话框中选择"水平"。

（3）在需要旋转为水平方向的两个端点处单击"左键"（图3-2-3），"左键"点击第二个端点时，执行旋转功能（图3-2-4）。

图3-2-3　选择两个端点

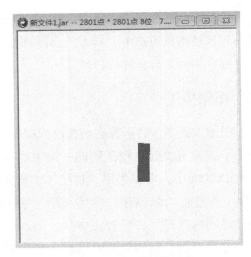

图3-2-4　旋转后的图像

注意事项：*应用"旋转"对图像进行校正时，文件的长和宽均放大1.414倍，文件大小放大2倍，而图像尺寸大小不变。*

2. **"剪切 ▧"校扭**

"剪切 ▧"校扭对图像进行校正的操作步骤与"旋转 ▣"校扭的操作步骤一样。

注意事项：

（1）应用"剪切"对图像进行校正时，图像发生变形。

（2）当采取"水平"方向进行剪切校正时，文件的高度和大小、图像高度均放大2倍，而文件宽度不变，如图3-2-5所示。

（3）当采取"垂直"方向进行剪切校正时，文件的宽度和大小、图像宽度均放大2倍，而文件高度不变，如图3-2-6所示。

图3-2-5　"水平"方向剪切校正

图3-2-6　"垂直"方向剪切校正

3. "随意网格圖"校扭

"随意网格"校扭是用组点来对图像进行校正，具体操作如下。

（1）选取"校扭"工具，并在其属性对话框的下拉框中选择"随意网格"。

（2）在图像中需要校正为同一水平的两个端点处分别单击"左键"，两点通过直线连在一起，且在连线两端出现两条平行线，如图3-2-7所示。

（3）再继续定义另一组端点，如图3-2-8所示。

（4）点击"中键"或按"Enter"键确认，完成校正，如图3-2-9所示。

（5）按"Delete"键取消网格。

图3-2-7 选中一组端点

图3-2-8 选中两组端点

图3-2-9 校正好的图像

4.“规则网格▦”校扭

“规则网格▦”校扭可以通过属性对话框设置网格中水平和垂直两个方向的网格数，图3-2-10（a）所示属性对话框中“水平个数”和“垂直个数”设置为10时，画出的网格如图3-2-10（b）所示。

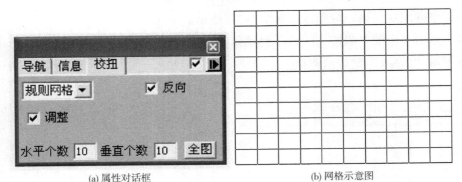

(a) 属性对话框　　　　　　　　　　　　(b) 网格示意图

图3-2-10　“规则网格”校扭操作效果示意图

进行“规则网格▦”校扭操作前需先定义网格的个数。

具体操作如下：

（1）选取“校扭”工具，并在其属性对话框的下拉框中选择“规则网格”，同时设置水平和垂直方向的网格个数。

（2）在图像中合适的位置画一个网格，如图3-2-11所示。

（3）拖动鼠标“左键”，将网格上的点契合到图像的边缘，如图3-2-12所示。

（4）点击“中键”或按“Enter”键确认，完成校正，如图3-2-13所示。

（5）按“Delete”键取消网格。

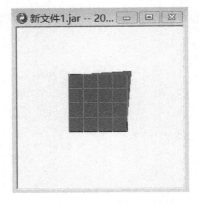 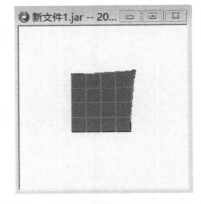

图3-2-11　绘制规则网格　　　　　　**图3-2-12　修改网格的点契合原图像**

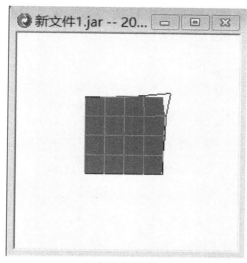
(a) 勾选"反向"

(b) 不勾选"反向"

图3-2-13　"规则网格"校正好的图像

注意事项：

（1）对于"随意网格▦"和"规则网格▦"的连线，在连线上单击"右键"可以删除该连线的校扭点。

（2）在校扭点上按住"左键"并拖动，可以调整校扭点。

（3）按住"Ctrl"＋"Alt"键时，按住"左键"拖动可以调整整个网格。

（4）选"反向"时，图像沿着网格点变形的相反方向校正［图3-1-13（a）］，不选"反向"时，图像沿着网格点变形的方向校正［图3-1-13（b）］。

三、图像拼接

拼接是将两幅或多幅图像拼成一幅图像，用于面积较大、需要多次扫描才能完成输入的样稿。工具栏和"工艺"菜单中均有拼接工具，"工艺"菜单中有"拼接"、"水平拼接"和"垂直拼接"、"自动拼接"和"规则拼接"。

1. "工艺"菜单中的"拼接"

选择"工艺"菜单中的"M拼接"命令时，弹出对话框（图3-2-14）。

（1）"小单元大小"：图像的尺寸。

（2）"小单元左下角位置"：每幅图像左下角的坐标位置。

（3）"单元数"：要拼接图像的个数。

注意事项：

（1）小单元1为最后打开的图像，小单元2为复制粘贴过来的图像；

（2）小单元2的x坐标的起点位置在"小单元2"后面的X位置处输入相应的数值，y坐标的起点位置在"小单元1"后面的Y位置处输入相应的数值。

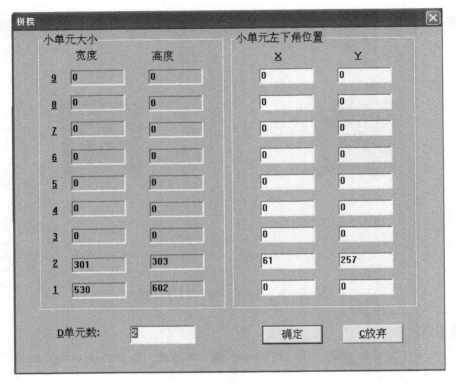

图3-2-14 "工艺"菜单中"M拼接"对话框

例如,要将图像2拼接在图像1的右下角,图像2的x坐标的起点位置为500点,y坐标的起点位置为300点,其具体操作如下。

a. 打开图像2的文件,然后点击"编辑"菜单中的"复制"或按"Ctrl"+C键。

b. 打开图像1的文件,然后点击"编辑"菜单中的粘贴或按"Ctrl"+V键。

c. 在"工艺"菜单中"M拼接"对话框中输入相应的数值(图3-2-15),点击"确定",拼接效果如图3-2-16所示。

2. "工艺"菜单中的"水平拼接"和"垂直拼接"

用于两幅图像的"水平拼接"或"垂直拼接",以"垂直拼接"为例,具体操作如下。

(1)打开上面的图像1。

(2)在"工艺"菜单中选择"垂直拼接",打开下面的图像2,则下面的图像2拼接在上面的图像1的下面(图3-2-17),此时有部分图像是重复的。

(3)选择主工具栏中"拼接工具",在拼接线的上下各选择两组共同点(图3-2-18)。操作方法为:在同组共同点中一点处点击"左键",再在另一个共同点处点击"左键",则选中了一组共同点,以此方法选择另一组共同点。

(4)点击"中键"或按"Enter"键去除重叠部分,完成拼接,如图3-2-19所示。

拼接					✕
小单元大小			**小单元左下角位置**		
	宽度	高度		X	Y
9	0	0		0	0
8	0	0		0	0
7	0	0		0	0
6	0	0		0	0
5	0	0		0	0
4	0	0		0	0
3	0	0		0	0
2	301	303		500	
1	530	602		0	300

D单元数: 2

确定　　C放弃

图3-2-15　输入图像2的位置参数

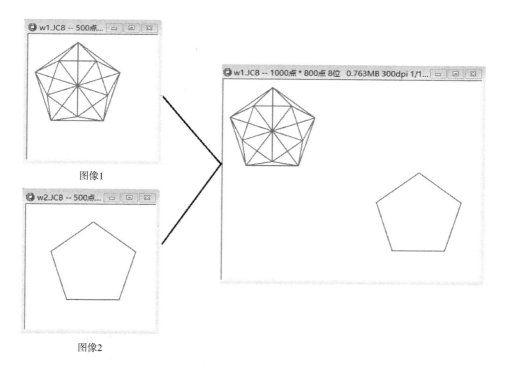

图像1

图像2

图3-2-16　"工艺"菜单中"拼接"示例

图3-2-17　垂直拼接后的图像

注意事项：

（1）两对共同点的水平距离大一点可以减少误差。

（2）共同点间的连线必须跨过拼接线。

（3）在平行线间尽量多找几组共同点，以减少误差。

（4）共同点宜找便于校对的尖角。

（5）在共同点的连线上单击"右键"，可以把共同点取消。

（6）在连线上按住"Ctrl"键移动鼠标可以移动连接线。

3. "工艺"菜单中的"自动拼接"

"自动拼接"用于将分几次输入的图像自动拼接成一幅完整的图像。

（1）拼接原则。

①文件命名原则。进行自动拼接的图像文件必须按一定规则命名，即应遵循从左到右、从下到上的原则，文件名中只能有最后一位不同，且最后一位必须是数字（1~9个）或字母（如果文件超过10个，前9个用1~9的数字，第10个用A表示，11个用B表示，依次类推）。例如，一幅图像需要分6次扫描，文件命名顺序如图3-2-20所示。

②图像文件保存原则。要拼接的文件必须保存在同一路径下。

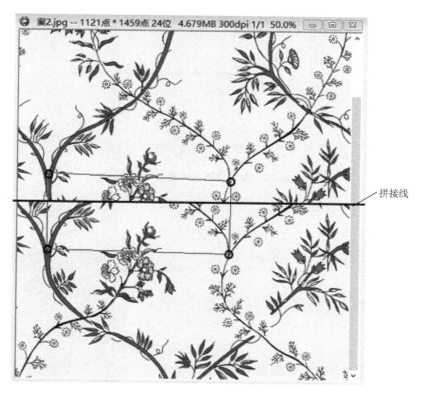

图3-2-18 选择了共同点的示例

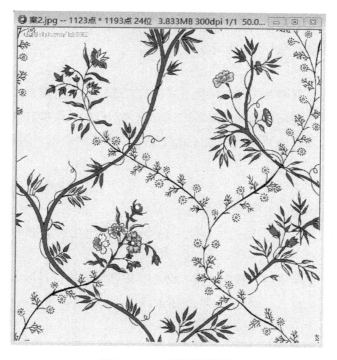

图3-2-19 拼接好的图像

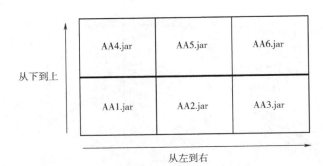

图3-2-20　自动拼接图像文件命名示例

（2）操作步骤。

①打开第一个文件（图3-2-20中AA1.jar文件）。

②在"工艺"菜单中选择"自动拼接"，弹出对话框，如图3-2-21所示。

③在对话框中输入"宽度"方向和"高度"方向待拼接图像的个数，选中"自动对边"，然后点击"确定"按钮完成自动拼接。

注意事项："自动拼接"的优点是效率高，但要求各图像文件间没有扭曲与重叠部分（自动拼接不能去除重叠部分），否则达不到理想的拼接效果。

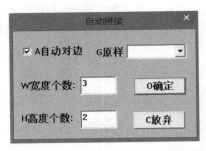

图3-2-21　"自动拼接"对话框

4."工艺"菜单中的"规则拼接"

"规则拼接"用于将1/4、1/2图像拼接成一个完整的图像，通常用于方巾的制作。"规则拼接"的对话框如图3-2-22所示。

（1）拼接方法。

①拼接。计算机根据用户选择的拼接方式进行自动拼接，拼接方式共有12种。

②转换。计算机根据用户选择的旋转方式自动将图像的一边旋转到图像的另一边，在"W宽度"下面输入要转换宽度的数值（此处的单位为像素点），系统默认值为0，即转换300个像素点。

（2）操作步骤。

①打开要拼接的图像，见图2-2-23（a）。

②执行"图像"菜单中"贴边、连晒"命令，在弹出的对话框中将回头方式设置为X=0、Y=0。

③执行"工艺"菜单中的"规则拼接"命令，根据需要选择拼接方式。

④选择"拼接"，点击"确定"即可，见图3-2-23（b）。

注意事项：

（1）执行"规则拼接"命令时，"贴边、连晒"对话框中的回头方式应设置为X=0、Y=0；

（2）除"镜像"和"旋转180度"拼接外，90度旋转拼接图像的宽和高的尺寸应相等（即正方形）。

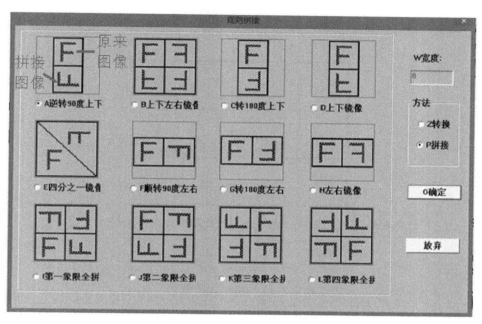

图3-2-22　"规则拼接"对话框

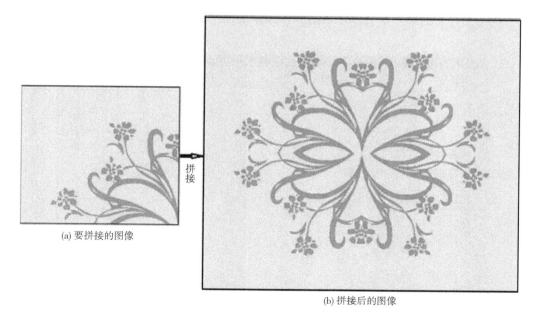

(a) 要拼接的图像

(b) 拼接后的图像

图3-2-23　"规则拼接"示例（上下左右镜像拼接）

5. 主工具栏中的"拼接"

（1）拼接规则。拼接时，需遵循"先行再列"或"先列再行"的原则进行操作。例如，分9次扫描一幅图（水平3次，垂直3次），可先采用"水平拼接"拼成3幅行文件，再将行文件进行"垂直拼接"形成完整图像；或先采用"垂直拼接"拼成3幅列文件，再将3幅列文件"水平拼接"形成完整图像，如图3-2-24所示。

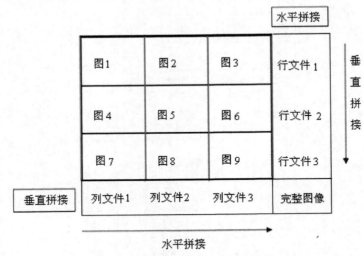

图3-2-24　拼接规则示意图

（2）操作步骤。此处以"垂直拼接"为例。

①在"文件"菜单中选择"D打开文件"命令，弹出"打开文件"对话框（图3-2-25），选中要打开的第一个文件（如图3-1-24中的"图1"文件），点击"打开"按钮。

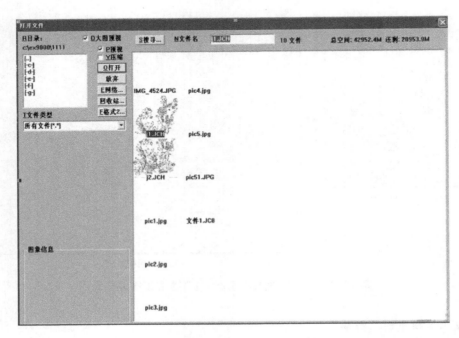

图3-2-25　"打开文件"对话框

②选择"拼接"工具 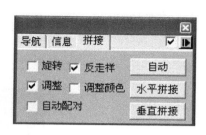，弹出"拼接"工具对话框（图3-1-26）。

③在拼接对话框中选择"垂直拼接"，弹出"打开文件"对话框，打开第二个文件（图3-2-24中"图4"文件），此时两幅图像出现在同一个窗口中。

④在两幅图像上选取共同点。首先要选取两对共同点，用鼠标"左键"单击其中一个共同点，移动光标到第二个共同点处再次单击"左键"，此时两个共同点之间出现一条直线，直线两端出现两条平行线。按照前述方法连接另外两个共同点，此时出现一个长方形线框。滚动图像在拼接处再找几组共同点。

图3-2-26　"拼接"工具对话框

⑤单击"中键"或"Enter"键开始拼接，把两幅图像间重叠部分去除，接成一幅完整的图像。

四、图像裁剪

裁剪是将扫描输入或拼接完成的图像中大于一个最小重复单元（或花回）的部分去除，得到一个稍大于最小重复单元的图案。

"剪刀"位于主工具栏中，具有"剪刀✂"、"剪中间✂"和"滚回头✂"三种功能，其具体功能分别如下。

1. 剪刀✂

在工具栏上选取"剪刀"工具，此时鼠标的光标变成一条"直线加剪刀"的光标（"剪刀"指向为要剪去的部分，直线另一方向为要保留的部分），在预设的位置点击"左键"，剪去要剪掉的部分。单击"右键"，改变要剪去的方向，每点击一次，逆时针旋转90度。

注意事项："剪刀"工具只能恢复一次，建议保存每次剪裁的图像。

2. 剪中间✂

"剪中间"功能用于将图像中间的部分剪去，或在图像的中间进行贴边。

（1）把图像的中间部分剪去。觉得图案某些部位太空、部分图案太高或太宽时，可使用该功能，具体效果见图3-2-27。

①选择"剪中间"工具。

②在图像中要剪去的部分点击"左键"，确定要剪去部分的起点。

③移动鼠标至要剪去部分的终点，点击"左键"即可。

（2）以前景色在图像的中间进行贴边。觉得图案某些部位太满（或在图案中间添加另一种颜色的图案）时，可使用该功能，具体效果如图3-2-28所示。

①选择"剪中间"工具。

②在图像中要贴边的部分点击"左键"，确定要贴边部分的起点。

③移动鼠标至要贴边部分的终点，按住"Ctrl"键（鼠标变成带下划线的向上箭头）的同时点击"左键"。

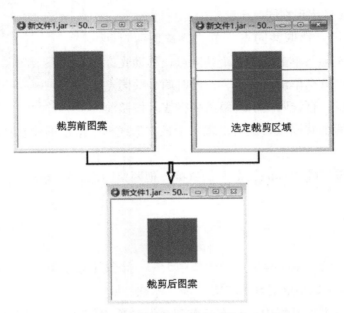

图3-2-27　把图像的中间部分剪去示意图

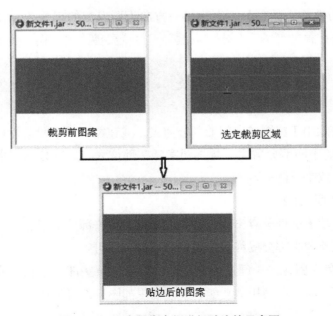

图3-2-28　在图像中间进行贴边的示意图

3. 滚回头 [图标]

"滚回头"用于改变图像的（0，0）坐标，便于观察接回头部分是否衔接完好，并没有剪掉图像的任何部位。

使用"滚回头"时，要求图像必须有"回头方式"，"回头方式"可在"贴边、连晒"工具中设置。确定"回头方式"后，在图像中点击"左键"，将鼠标所在位置滚动到（0，0）位置，"滚回头"效果见图3-2-29。

注意事项： 衔接线的上下方有重复图案，表示衔接不好；反之，则好。

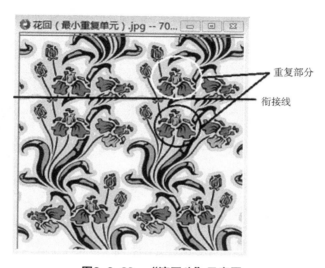

图3-2-29 "滚回头"示意图

五、找最小花回

织物上的印花图案是由最小重复单元（花回）通过循环出现而得，为减少工作量，只需对最小重复单元进行分色与描稿，再通过"滚回头"的方式来完成整幅图像的分色与描稿工作。实际操作时，由于扫描的图像（即布样图像）大多大于一个花回，所以，在分色与描稿前，需将大于一个花回的图像部分去除。

金昌EX9000系统是通过"接回头"的方式来去除图像中大于一个花回的图像部分。"接回头"可以应用"接回头"工具，也可以用"剪刀"工具的三个功能。

1. "接回头"工具

根据滚回头方式的不同，可将"接回头"分为"平接接回头"（滚回头方式为$X=Y$）和"跳接接回头"（滚回头方式为$X\neq Y$）。

（1）平接接回头。

①打开要接回头的图像，如果打开的图像有多个花回，则可用"剪刀"工具或用"提取"工具生成一个略大于回头的图案。

②设置样稿的"滚回头"方式。选择"图像"菜单中的"贴边、连晒"或按F8键或右

击辅助工具栏中的"滚回头"工具⊥，弹出"贴边、连晒"对话框（图3-2-30），在对话框中的"回头方式"中分别输入X=1，Y=1。

图象特性

花回大小   消耗内存:4.03M

☐ **C**纯贴边   ☐ **G**页面   **P**上贴边 [0]   ☐ **M**毫米

L左贴边 [0]   **W**宽度: [2000]   **R**右贴边 [0]

H高度: [2000]

U精度: [   ]   **D**下贴边 [0]

回头方式   参照点   ☐ **Z**转45度

X: [1] ⬍ [0]   **1**水平: [0]   **T**旋转: [0]

Y: [1] ⬍ [0]   **2**垂直: [0]   [**O**确定] [**E**放弃]

Q起始文件号: [2]   **J**结束文件号: [-1]   **S**输出文件: [新文件2.jar]

图3-2-30   "贴边、连晒"对话框

③点击"确定"按钮关闭对话框，此时图像可以连续滚动，单击键盘上的方向键，图像会首尾相接、左右相连地显示在屏幕上。按"Insert"键，在图像衔接处会出现十字线（可用此校对接回头参数是否正确）。

④选取"接回头"工具▣，在工具属性对话框（图3-2-31）中选择"水平方向裁剪"和"垂直方向裁剪"（如果只要一个方向接回头，则只要把相应的方向不裁剪即可）。

⑤在十字线（或接回头线）的左右和上下找共同点（所谓"共同点"是指组成花回的某个点在不同位置上

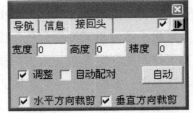

图3-2-31   "接回头"对话框

的复制），一般找出四个共同点。首先在共同点之一处单击"左键"，移动光标到第二个共同点处再单击"左键"，两共同点间出现一条直线。接着连接另外两个共同点，此时出现一个四边形。单击"右键"可取消共同点。

注意事项：共同点间的连线必须跨过接回头线，四个共同点图像必须相同。

⑥滚动图像，分别在水平回头线和垂直回头线的左右找几组共同点。

⑦单击"中键"开始接回头，把图像中大于花回的部分图像去除，接成一个完整的平接小回头。

（2）跳接接回头。

①操作同"平接接回头"操作步骤①。

②在图3-2-30中"回头方式"处分别输入X=2、Y=1（以2：1回头方式为例），其他操作同"平接接回头"操作步骤②。

③操作同"平接接回头"操作步骤③。

④在工具栏上选取"接回头"工具 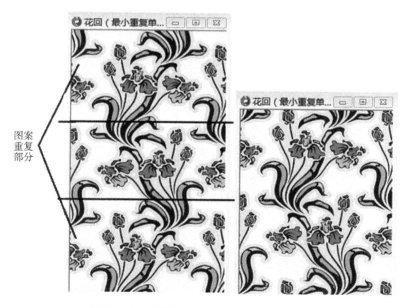。

⑤在回头线的左右和上下找共同点，找共同点分两次完成，必须先把"平接方向"接好后再接"跳接方向"。如果此稿为X=2、Y=1的跳接接回头，应先把水平方向接好，再接垂直方向；X=1、Y=2时，则该先把垂直方向接好，再接水平方向。

a. 水平方向。在十字线（或接回头线）的左右和上下找共同点，一般找出四个共同点。首先在共同点之一处单击"左键"，移动光标到第二个共同点处再单击"左键"，两共同点间出现一条直线。接着连接另外两个共同点，此时出现一个四边形。按"Ctrl"键回到回头线处，单击"中键"开始接回头。

b. 跳接方向。在跳接方向找一组共同点，共同点最好在平接回头的附近，离平接回头线越近越好。此时也出现一个四边形，同接水平方向一样，可以在中间找多组共同点。直接按"中键"确定，开始接回头。

2. 使用"剪刀"接回头

"剪刀"的具体操作详见"裁剪"，此处以"花回"高度为例来说明"剪刀"工具在"接回头"中的应用。

（1）打开文件（图3-2-32）。

图3-2-32　原图　　　　图3-2-33　裁去相同部分的图

（2）用"剪刀"裁去相同部分图案，使之在高度上略大于花回的高度（图3-2-33）。

（3）使用"滚回头"工具，使最上端和最下端裁剪线处进行衔接（图3-2-34）。

（4）"滚回头"后，发现衔接线上下仍有少量重复图案，执行"剪中间"工具，剪去重复图案，获得衔接完好的图案（图3-2-35）。

图3-2-34　滚回头后的图案　　　　　　图3-2-35　一个花回高度的图案

第三节　印花图案分色

分色是将最小重复单元中同一颜色的图案分离出来，以便于印花操作。分色操作简单、迅捷，但对样稿的要求比较高，通常要求同一颜色的图形中的色泽均匀一致，否则不能将该颜色彻底分出来。

一、分色

分色是指将图像中不同颜色的图形分离，金昌EX9000系统中可以采用"单色另存为"、"提取"工具、"图像"菜单"格式"中的"分色"、"选择"菜单中的"分色"来完成。

1. 单色另存为

"单色另存为"命令用于保存8位索引模式图像中的某一种颜色，生成一个新的文件。操作步骤如下。

（1）把要保存图像的颜色设置为"前景色"。

（2）在"文件"菜单中选择"单色另存为"，在弹出的对话框中输入"文件名"，选择"文件类型"和"保存路径"。

（3）单击"保存"按钮，完成分色。

注意事项：

（1）必须把要保存的颜色设置为"前景色"。

（2）当前图像是单色稿时，"单色另存为"无效。

（3）只能对单层（"图层控制面板"中只有一个图层）图像进行"单色另存为"。

（4）"真彩色模式"的图像需转换为"8位索引模式"后，才可执行"单色另存为"命令。

2. **"提取"工具**

"右键"单击辅助工具栏中的"提取"工具图标 🅶，在弹出对话框中将要分离的颜色设置为"提取色"，提取之后，将其复制、粘贴到新窗口中保存，即可完成该颜色的分离，具体操作见第二章第三节中"图像的提取"部分。

3. **分色**

"图像"菜单和"选择"菜单均有"分色"功能。

（1）"图像"菜单中的"分色"。在"图像"菜单中"格式"命令下有"分色"的功能，其作用是：从彩稿中分离出单色稿，即把所选的前景色从彩色稿件中提取出来，生成新窗口文件。其具体操作如下。

①把图像模式转换成"8位索引模式"。

②把要生成单色文件的颜色设置为"前景色"。

③选"图像"菜单"格式"命令中的"分色"（或按"Ctrl"+1），把选为"前景色"的图像生成一个新的单色图像（图3-3-1）。

(a) 原图　　　　　　　　　　(b) 将图案生成一个新窗口

图3-3-1　"图像"菜单中"分色"效果示意图

（2）"选择"菜单中的"分色"。将图像中一种颜色分色成一个灰度图，作为一个新图层显示在"图层控制面板"中，有"自动选色"和"手动选色"两种方式。单击"选择"菜单中的"分色"命令，弹出对话框（图3-3-2）。

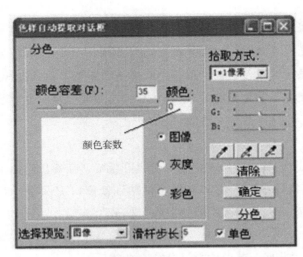

图3-3-2   "选择"菜单中的"分色"命令对话框

①颜色容差。使用"颜色容差"滑块或输入一个值调整色彩范围，即颜色拾取点的色彩范围。减小容差值，将缩小所选的色彩范围；反之，增大所选的色彩范围。

②拾取方式。"1*1像素"是按当前光标处1*1像素拾取；"3*3像素"是按当前光标处3*3像素区域内色彩的平均值拾取；"5*5像素"是按当前光标处5*5像素区域内色彩的平均值拾取。

③RGB滑块。用于调整色彩的色相，减少所选色彩的附和色。

④滑杆步长。指"颜色容差"滑杆的每一次的步长（即每点击一次鼠标，滑块滑移的距离），可用键盘上的方向键来增减容差。

⑤拾取颜色 ✎ 。用于从图像或预览区域拾取要分离的主色。

⑥添加颜色 ✎ 。用于从图像或预览区域拾取要增加的主色。

⑦去除颜色 ✎ 。用于从图像或预览区域除去已拾取的主色。

⑧预览区域。控制预览区域显示图色的色彩模式。"图像"是在预览区域中显示当前图像的预览图；"灰度"是要提取的图像以灰度方式显示；"彩色"是要提取的图像以彩色方式显示。

⑨单色。勾选复选框 ☑单色 ，表示手动分色，用 ✎ 在图像或预览区域拾取要分色的主色，经过调整颜色容差、增减色域，然后按"确定"按钮分色；不勾选复选框 ☐单色 ，表示自动分色，在对话框中输入颜色套数，按"分色"按钮即可。软件经过计算自动按颜色套数分色，点击分色色标图 ▇▇▇▇▇ 可以针对每一个颜色进行调整（包括颜色容差、增减色域），然后按"确定"按钮完成分色。

⑩选择预览。控制窗口中显示图像的色彩模式，有"图像""彩色"和"灰度"三种模式。"图像"是指显示原图；"灰度"是以灰度模式显示要提取的图像；"彩色"是以彩色模式显示要提取的图像。

4. 云纹提取

"云纹提取"命令位于"图像"菜单中，用于将当前图像中的云纹提取出来，形成一个灰度图层，其原理是根据颜色范围提取。

（1）属性对话框。执行"图像"菜单中"云纹提取"命令，弹出属性对话框，如图3-3-3所示。

①粗调颜色范围。用于选择提取的颜色范围。将鼠标置于四边形内可移动图形位置，鼠标置于左、中、右三根竖线处，可调整竖线位置，三根竖线分别对应"H"后面三个输入框中的数值。

②细调颜色范围。通过移动滑杆对颜色范围进行微调，中间色块对应的是"S"后面输入框中的数值，最下面色块对应的是"B"后面输入框中的数值。

③分色。单击"分色"，将选中范围内的颜色分离出来，在图层控制面板中形成新的图层。

④灰度。单击"灰度"，将选中范围内的颜色形成的彩稿变成灰度文件。

⑤读出。从文件夹中读取保存的设置。

⑥保存。将设定的颜色范围保存起来，以便下次使用，文件格式为*.pgc。

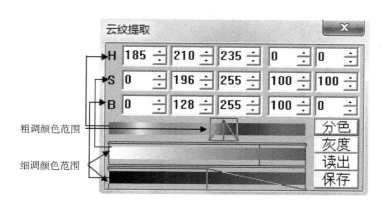

图3-3-3　"云纹提取"属性对话框

（2）具体操作。

①打开图像文件。

②执行"图像"菜单中的"云纹提取"命令，工作区域分为两个窗口，左侧为原图，右侧为提取图，如图3-3-4所示。

③在"云纹提取"属性对话框中定义颜色区间。

④单击"分色"，形成彩色稿件，或转化为"灰度"稿件后再进行分色，处理效果如

图3-3-4所示。

(a) 原图

(b) 彩稿

(c) 灰度稿

图3-3-4　"云纹提取"效果示意图

二、分色稿件的后处理

将RGB模式图像转换成8位索引模式图像时，输入的颜色数太多，则同一种颜色可能被分成不同的颜色，从而给分色造成麻烦；颜色数太少，则很多相近的颜色被合并而失真（与原图不符）。所以，输入的颜色数往往多于原有颜色数，致使在分色时易出现断线、杂点等现象。为此，分色得到的稿件，通常需要进行"断线连接""去杂点""细茎重描""平滑"和"泥点重描"等处理。

1. 断线连接

"断线连接"命令位于"选择"菜单中，用于连接分色形成的单色稿件中断开的细茎，"断线连接"示意图见图3-3-5。

断线连接前

断线连接后

图3-3-5　"断线连接"示意图

注意事项： 断线连接的图像模式应为灰度模式。

2. 去杂点

"去杂点"命令位于"选择"菜单中，用于去除分色形成的单色稿中的杂点，如图

3-3-6所示。

去杂点前　　　　　　　　　　　　　　去杂点后

图3-3-6　"去杂点"示意图

具体操作步骤：

（1）将分色得到的单色稿格式改为灰度模式。

（2）选择"工艺"菜单中的"去杂点"。

（3）在"去杂点"对话框中的"杂点大小"处输入相应的数值（小于该数值的杂点将被去除）（图3-3-7）。

（4）点击"确定"，完成"去杂点"命令。

3.细茎重描

"选择"菜单和"滤波"菜单中均有"细茎重描"。

（1）"选择"菜单中的"细茎重描"。把分色形成的

图3-3-7　去杂点对话框

灰度文件中不均匀粗细的线条描绘成同一粗细的线条，并进行加深处理，处理效果如图3-3-8所示。具体操作步骤如下。

①将分色得到的单色稿的格式改为灰度模式。

②执行"选择"菜单中的"细茎重描"命令。

③在"细茎重描"对话框（图3-3-9）中输入相应的数值，其中，"细茎的宽度"表示重描细茎的细度；"平滑长度"表示对线宽度进行平滑，数值越大，越平滑。

④点击"确定"，完成"细茎重描"命令。

（2）"滤波"菜单中的"细茎重描"。把分色形成的单色稿文件或新建的单色稿文件中不均匀粗细的线条描绘成1个像素点的线条，再用"缩扩点"命令把线条描绘成要求的粗细。具体操作步骤如下：

①打开需要"细茎重描"的文件。

②选择"滤波"菜单中的"细茎重描"。

③在"细茎重描"对话框（图3-3-10）中输入相应的数值，其中，"连接距离"是指细线连接时的距离；"毛刺长度"是指把一定长度的毛刺去除；"细茎宽度"是指重描后细茎的粗细（无论输入的数字是多少，重描后的细茎细度均为1个像素点）。

④点击"确定",不均匀粗细的线条描绘成1个像素点的线条。

⑤执行"工艺"菜单中"缩扩点"命令,在对话框中(图3-3-11)"P缩扩点"下输入需要的数值(输入的数值=扩点后细茎的粗细–1;例如,要将线条描绘成4个像素点的线,应在"缩扩点"命令中输入扩点数3)。

"滤波"菜单中"细茎重描"效果如图3-3-12所示。

(a) 细茎重描前

(b) 细茎重描后

图3-3-8 "选择"菜单中的"细茎重描"示意图

图3-3-9 "选择"菜单中的
"细茎重描"对话框

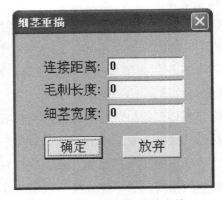

图3-3-10 "滤波"菜单中的
"细茎重描"对话框

注意事项:

(1)"选择"菜单中的"细茎重描"的处理对象是灰度稿。

(2)"滤波"菜单中的"细茎重描"的处理对象是单色稿,而与图像的色彩模式无关。

(3)"漏壶"工具中的"误差"功能,也可以将色泽不均一的图像修成色泽均一的图像,具体操作见第三章第四节中"漏壶"工具。

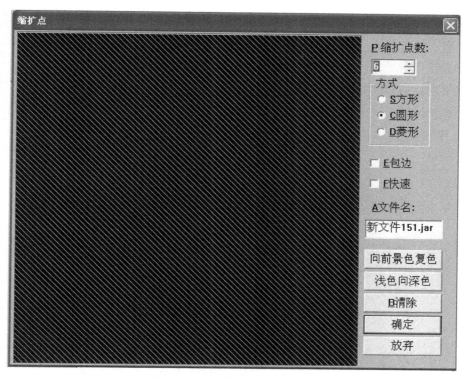

图3-3-11　"缩扩点"对话框

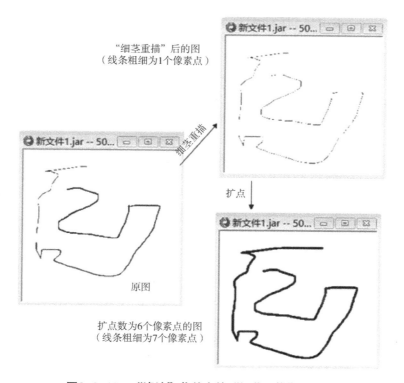

图3-3-12　"滤波"菜单中的"细茎重描"示意图

4. 平滑

"平滑"命令位于"选择"菜单中，对分色形成的细茎图像进行平滑处理，"平滑"参数对话框与处理效果分别如图3-3-13和图3-3-14所示。

（1）平滑角度。对线弧度平滑，数值越大越平滑。

（2）平滑长度。对线宽度进行平滑，数值越大越平滑。

图3-3-13　"平滑"参数对话框

(a) 平滑前　　　　　　　　　　(b) 平滑后

图3-3-14　"平滑"效果示意图

5. 泥点重描

"泥点重描"命令位于"滤波"菜单中，对单色稿件进行处理，其一是使细茎减少毛刺，其二是使泥点对比更加明显，把泥点图像中泥点太细的点子去除。"泥点重描"处理效果如图3-3-15所示。

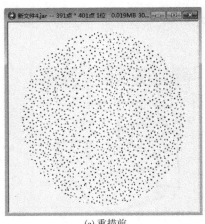

(a) 重描前　　　　　　　　　　(b) 重描后

图3-3-15　"泥点重描"效果示意图

注意事项：

（1）"泥点重描"的文件应为单色稿，而与图像的色彩模式无关。

（2）"泥点重描"没有对话框，每执行一次"泥点重描"命令，去除图像中最小的泥点或最小的毛刺。

第四节　印花图案描稿

纺织品印花样稿大多为布样，图像的颜色因布样表面凹凸不平而表现为一个一个的色点，而不能形成均匀的色块，"分色"制成的网在印花时易产生白点。描稿是以原图边界为界线重新绘图，不受样稿材料的限制，但工作量比分色操作要大很多。所以，布样通常采用描稿的方式进行分色。其主要操作步骤：打开样稿文件（图3-4-1）；根据样稿中的颜色数，在样稿的"图层控制面板"中新建相应数量的单色图层；通过调色板设置单色图层中绘画的颜色，该颜色应与要描绘的颜色及其相邻的颜色之间有显著差异，以便于检查图案描绘的是否正确；应用"几何图形""色块""描茎"等工具对样稿中的图案进行描绘，同一个颜色的图案描绘在同一个图层上；描绘好一个颜色的图案后，通过"保存活动层"将其保存。

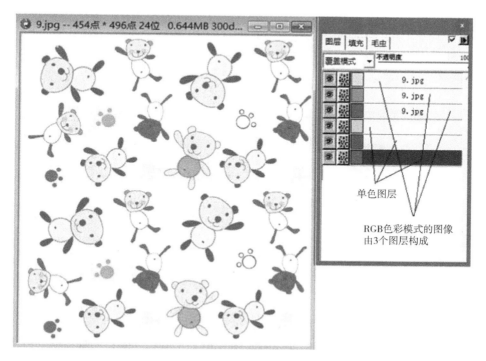

图3-4-1　印花图案描稿过程示意图

注意事项：为了使不同颜色构成的图案之间衔接紧密，也可新建一个多色图层，在多色图层中画出所有颜色的图案，此时每个图案是由均匀一致的颜色构成，接着可用分色工具将多色图层中的不同颜色分开，形成单色稿。

一、几何图形

"几何图形"工具位于主工具栏中，用于绘画三角形、四边形、圆形、菱形、多边形、多角形等规则几何图形。"左键"单击"几何图形"后，弹出属性对话框（图3-4-2）。可以在属性对话框中选择形状，也可以在窗口中点击"右键"选择形状（多边形和多角形除外）。

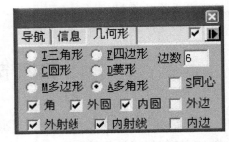

图3-4-2 "几何图形"工具属性对话框

1. 绘制色块

（1）"左键"点击"几何图形"工具，选好需要的形状。

（2）"左键"点击辅助工具栏中的"色块"，使之下凹。

（3）将需要绘制的颜色设置成前景色。

（4）在窗口中绘制图案，如图3-4-3所示。

2. 绘制空心几何图形

（1）"左键"点击"几何图形"工具，选好需要的形状。

（2）"左键"点击辅助工具栏中的"勾边"，使之下凹。

（3）将需要绘制的颜色设置成前景色。

（4）在窗口中绘制图案，如图3-4-4所示。

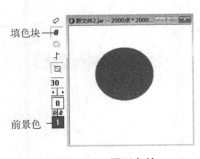

图3-4-3 圆形色块

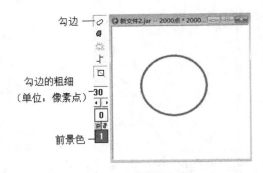

图3-4-4 圆形边框

3. 绘制带边的色块

（1）"左键"点击"几何图形"工具，选好需要的形状。

（2）"左键"点击辅助工具栏中的"色块"和"勾边"，使它们都下凹。

（3）将需要绘制的色块的颜色设置成前景色，勾边的颜色设置成背景色。

（4）在窗口中绘制图案，如图3-4-5所示。

4. 绘制多边形

在"几何图形"属性对话框（图3-4-2）中选择"**M**多边形"，并在"边数"中输入"边"的数量，绘制图像时的操作与三角形、四边形、圆形、菱形一致。

5. 绘制多角形

（1）点击"几何图形"工具，在属性对话框（图3-4-2）中选择"**A**多角形"，并在"边数"中输入"角"的数量。

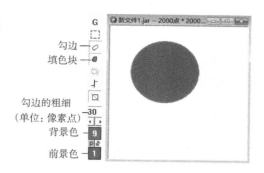

图3-4-5　带边的圆形色块

（2）窗口中出现一个多角形的预视图，此时属性对话框中的"角""外圆""内圆""外边""内边""外射线""内射线"均起作用，根据实际需要，在各功能前面的复选框中打"√"进行选择。

（3）根据需要改变图形大小和图形角度。

（4）在内圆附近，按住"左键"并拖动鼠标，即可改变多角形内圆的大小。

（5）在多角形的中心点附近，按住"左键"并拖动鼠标，移到需要的位置放开"左键"，即可将多角形移至需要的位置。

（6）绘图操作同其他几何图形。

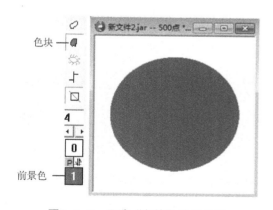

图3-4-6　只选"色块"的多角形

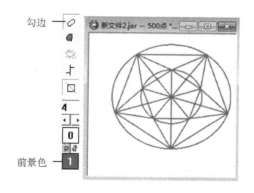

图3-4-7　只选"勾边"的多角形

注意事项： 在绘制角、外圆、内圆、外边、内边、外射线、内射线时，如果选择辅助工具栏中"色块 [图]"，绘制出来的图形是一个实心的多边形，体现不出上述内容（图3-4-6）；选择"勾边 [图]"，则以前景色绘制上述内容（图3-4-7）；同时选择"色块 [图]"和"勾边 [图]"，则以背景色绘制上述内容，以前景色填充上述内容包围的区域（图3-4-8）。

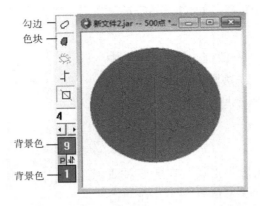

勾边

色块

背景色

背景色

图3-4-8 同时选择"色块"和"勾边"的多角形

二、色块

"色块"工具位于主工具栏中，用于绘制封闭色块和曲线，绘图方式有勾画、随意、3点随笔、4点随笔、多点随笔、逐点拟合和圆弧7种。点击"色块"工具，弹出属性对话框，如图3-4-9所示。可在属性对话框中选择绘图方式，也可在主工具栏中的"色块"图标处点击"右键"进行选择。

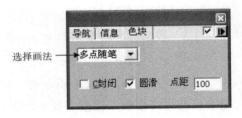

选择画法

图3-4-9 "色块"属性对话框

1. 属性对话框

（1）封闭。绘画过程中自动将首尾两个端点连接起来，形成一个封闭区域，选择辅助工具栏中"勾边"时起作用。

（2）圆滑。绘制时对线条进行圆滑处理。

（3）点距。控制点之间的距离，在"多点拟合"中起作用。

2. 具体操作

（1）勾画。

①点击"色块"工具，选择"勾画"功能。

②在窗口需要的位置，点击"左键"确定起点。

③将鼠标拖到下一个控制点，点击"左键"时，两点之间的线条如同橡皮筋，移动鼠标来调整线条至需要的形状，点击"中键"确定曲线的形状（图3-4-10）。

④重复步骤③，直至完成图形绘制，双击"左键"或按"Enter"键或点击"中键"（用于首尾相连后）确定图形，如图3-4-11所示。

注意事项："左键"为确定控制点的键，"中键"为控制两控制点间线条形状的键，"右键"为取消控制点的键，双击"左键"确定色块的形状。

（2）随意。可绘制"勾画"工具绘制的所有图形。与"勾画"工具的区别在于：两控制点之间的线条形状不能改变，由鼠标移动的路径而定。具体操作同"勾画"工具。

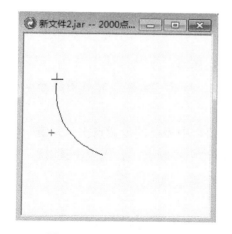

图3-4-10　改变线条形状

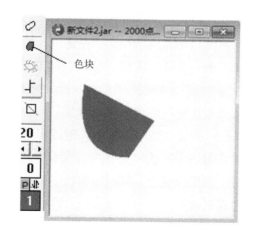

图3-4-11　选择"色块[色]"时的"勾画"示意图

（3）3点随笔或4点随笔。

①点击"色块"工具，选择"3点随笔"或"4点随笔"功能。

②在窗口需要的位置，点击"左键"确定起点。

③将鼠标拖到终点，起点和终点之间的曲线由3个或4个控制点控制（图3-4-12），松开鼠标。

④将"右键"置于控制点上并移动，可改变线条的形状（图3-4-13）。

⑤单击"左键"或按"Enter"键或单击"中键"将图形固定。

（4）多点随笔。在"色块"属性对话框中设置"点距"（即控制点之间的距离，单位为像素点），系统自动将绘制的线条分割成等间距的控制点。具体操作同"3点随笔"工具。

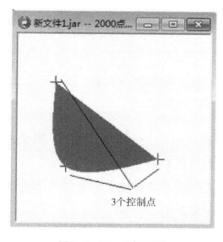

图3-4-12　3点随笔

图3-4-13　"右键"改变控制点位置后的图像

（5）逐点拟合。

①点击"色块"工具，选择"逐点拟合"功能。

②在窗口需要的位置，点击"左键"确定起点。

③在窗口中每点击一次"左键"，增加1个控制点。

④点击"左键"或按"Enter"键或点击"中键"确定图形。

注意事项：用鼠标"右键"对控制点位置进行调整，松开"右键"时将图像形状固定，且只可改变一个控制点的位置。

（6）圆弧。用于绘制圆弧形或半圆形的图形。在窗口中需要的位置点击"左键"确定起点，每点击一次"左键"，增加1个控制点（最多有3个控制点），当点击第4次"左键"时，图形被确定，同时也可按"Enter"键或点击"中键"确定图形。

注意事项：

（1）在图形确定之前，"右键"按住控制点可对弧形进行放大、缩小、旋转等处理，当松开"左键"时将固定图像形状。

（2）"色块"工具可与辅助工具栏中的"勾边"和"色块"配合使用，具体操作与绘制效果如下（以"勾画"为例）。

①在辅助工具栏中选择"色块▨"时，"封闭"功能不起作用，绘制的图像均为以前景色填充的闭合色块，如图3-4-11所示。

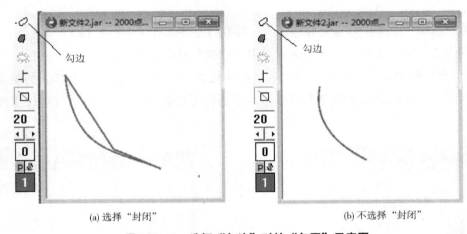

(a) 选择"封闭"　　　　　　　　　　　　(b) 不选择"封闭"

图3-4-14　选择"勾边"时的"勾画"示意图

②在辅助工具栏中选择"勾边✎"时，"封闭"功能起作用，选择"封闭"，图像是闭合的空心图案［图3-4-14（a）］，不选择"封闭"，图像是线条［图3-4-14（b）］。

③在辅助工具栏中同时选择"色块▨"和"勾边✎"时，以背景色勾边，前景色填充边界包围的区域，且"封闭"功能起作用，绘制效果如图3-4-15所示。

三、撇丝

1.属性对话框

"左键"单击主工具栏上"撇丝"工具，弹出属性对话框（图3-4-16）。

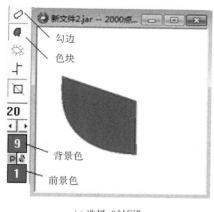

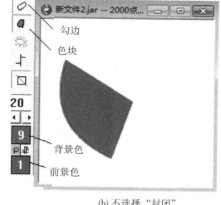

(a) 选择"封闭"　　　　　　　　　(b) 不选择"封闭"

图3-4-15　同时选择"勾边"和"色块"时"勾画"示意图

（1）选择画法。在画法下拉框中选择"撇丝"的画法，有"勾画""随意""3点随笔""4点随笔""多点随笔""逐点拟合"和"圆弧"7种画法供选择。

（2）选择起点。在"起点"下拉框中选择"撇丝"的起点，有"任意""同一端点""沿曲线"和"成组"4种供选择。

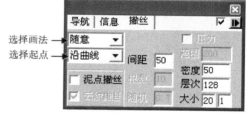

图3-4-16　"撇丝"属性对话框

（3）泥点撇丝。画出的是撇丝状的泥点。

（4）云纹撇丝。画出灰色撇丝，画"云纹撇丝"的文件必须是灰度稿。

（5）大小。前一个数值表示"泥点撇丝"中最大的点子大小，后一个数值表示"泥点撇丝"中最小的点子大小，单位为像素点。

（6）密度。一根撇丝中泥点的多少，数值越大，点子越密；反之越稀。

（7）层次。一般不用设置，默认值为128。

（8）压力。在属性对话框中调整压力的大小，连接手写板时起作用。

（9）间距。相连两根撇丝间的距离，画"沿曲线"和"成组撇丝"时起作用。

（10）根数。"成组撇丝"中撇丝的数量，画"成组撇丝"时起作用。

注意事项：*"大小""密度"和"层次"在画"泥点撇丝"时起作用。*

2. "撇丝"形状

在"窗口"菜单中选择"撇丝"，弹出"撇丝形状"控制面板，如图3-4-17所示。

A：半根撇丝的形状。

B："4→1"表示撇丝的最粗处为4个像素点，最细

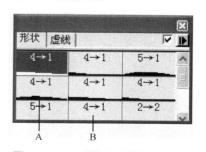

图3-4-17　"撇丝形状"控制面板

处为1个像素点。

如果"撇丝形状"控制面板中有我们需要的形状，在需要的形状上单击"左键"即可；如果没有我们需要的形状，可以在任意形状上双击"左键"，在弹出的"形状调整"对话框（图3-4-18）中进行调整。在"形状调整"对话框设置撇丝形状的具体操作如下。

（1）粗细设置。在"最粗"处输入撇丝中最粗的大小，在"最细"处输入撇丝中最细的大小。

（2）形状设置。在曲线上单击"左键"增加控制点，单击"右键"取消控制点。在控制点上按住"左键"并拖动，可以调整撇丝的形状。

注意事项：在应用鼠标移动改变撇丝的形状时，对话框中"最粗"和"最细"的数值也发生相应的变化。

（3）实际绘画撇丝大小的设置。在"比例"的下拉框中选择合适的比例。当比例为5：1时，对话框中撇丝的大小是实际所画撇丝的5倍。

（4）保存。把调整好的撇丝以文件形式保存，以便下次使用。

（5）提取。把保存的撇丝文件提取出来。

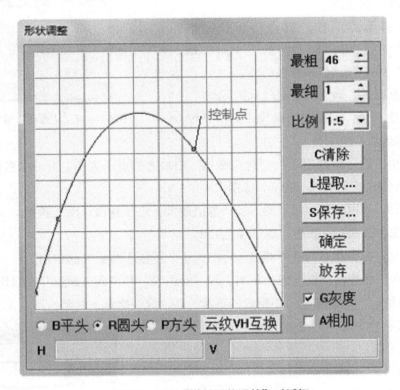

图3-4-18　"撇丝形状调整"对话框

3."画法"的具体操作

以"任意"起点为例，说明不同画法的具体操作。

（1）勾画。

①单击"左键"定义一个起点。

②拖动鼠标至终点，单击"左键"时，撇丝如同橡皮筋，将鼠标置于撇丝上并拖动，可变改变撇丝的形状。

③单击"中键"或按"Enter"键或双击"左键"固定"撇丝"。

注意事项： 绘制撇丝过程中，"右键"是取消操作键。

（2）随意。单击鼠标"左键"确定起点，不要松开鼠标，撇丝的形状由鼠标拖动的轨迹确定，松开鼠标即可将撇丝固定下来。

（3）3点随笔或4点随笔。

①在窗口需要的位置，点击"左键"确定起点，按住鼠标并拖动至终点，松开鼠标，起点和终点之间的曲线由3个或4个控制点控制。

②将"右键"置于控制点上并移动，将"撇丝"调整为需要的形状。

③单击"左键"或按"Enter"键或点击"中键"将图形固定。

（4）多点随笔。在"撇丝"属性对话框中设置"点距"（即控制点之间的距离，单位为像素点），系统自动将绘制的线条分割成等间距的控制点。具体操作同"3点随笔或4点随笔"工具。

（5）逐点拟合。

①在窗口需要的位置，点击"左键"确定起点。

②在窗口中每点击一次"左键"，增加1个控制点。

③用鼠标"右键"对控制点位置进行调整，单击"左键"或按"Enter"键或单击"中键"确定图形。

（6）圆弧。用于绘制圆弧形或半圆形的图形。在窗口中需要的位置点击"左键"确定起点，每点击一次"左键"，增加1个控制点（最多有3个控制点），当点击第4次"左键"时，图形被确定，同时也可按"Enter"键或点击"中键"或点击"右键"确定图形。

4."起点"的具体操作

（1）任意。每一根撇丝的起点可以定义在任意位置。

（2）同一端点。以"勾画"为例，绘制效果见图3-4-19。

①选择"同一端点"。

②单击"左键"定义该组撇丝的端点。

③拖动鼠标至第一根撇丝的终点，单击"左键"，移动鼠标以调整撇丝的形状，双击"左键"或单击"中键"固定第一根撇丝。

④重复步骤③，直至"同一端点"的一组撇丝画完。

⑤单击按"Enter"键或双击"左键"，此时可以定义第二个起点。

（3）沿曲线。以"勾画"为例，绘制效果见图3-4-20。

①在"撇丝"属性对话框中设置间距。

②起点曲线的绘制。单击"左键"确定曲线起点，拖动鼠标至终点，再次单击"左键"，绘制一根具有弹性的线条，在起点与终点之间移动鼠标调整曲线形状，单击"中键"确定起点曲线（图3-4-18），此时曲线消失。

③拖动鼠标至第一根撇丝的终点，单击"左键"，移动鼠标以调整撇丝的形状，双击"左键"或单击"中键"固定第一根撇丝。

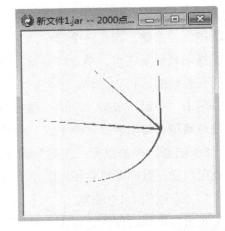

图3-4-19 "同一端点"的撇丝绘制效果示意图

④重复步骤③，直至"沿曲线"的一组撇丝画完。

⑤单击"Enter"键，此时可以定义第二组"撇丝"的曲线端点。

注意事项：

（1）在绘制"同一端点""沿曲线"中的一根"撇丝"时，直接双击"左键"为完成一组"撇丝"的绘制，此时可以定义另一组"撇丝"的端点。

（2）"同一端点""沿曲线"对"任意"画法不起作用。

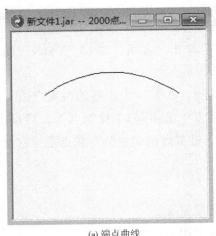

(a) 端点曲线

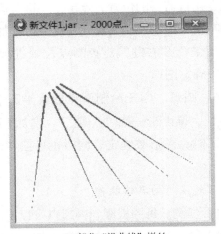

(b) 部分"沿曲线"撇丝

图3-4-20 "沿曲线"的撇丝绘制效果示意图

四、细茎

"细茎"工具位于主工具栏，用于绘画一系列的曲线段、圆点串或虚线组成的曲线。"细茎"工具的画法有勾画、随意、3点随笔、4点随笔、多点随笔、逐点拟合和圆弧7种。

注意事项： 用"细茎"工具进行绘画时，辅助工具栏中"色块"功能为不可选状态，只有"勾边"功能起作用。

1. 属性对话框

在主工具栏上，"左键"单击"细茎"工具图标，弹出属性对话框（图3-4-21）。

选择画法 →

图3-4-21 "细茎"工具属性对话框

（1）选择画法。在画法下拉框中选择"撇丝"的画法，有勾画、随意、3点随笔、4点随笔、多点随笔、逐点拟合和圆弧7种画法供选择。

（2）相连。前一根细茎的终点为后一根细茎的起点。

（3）封闭。自动将曲线起点和终点连接在一起。

2. 具体操作

（1）勾画。

①选择"勾画"画法。

②单击"左键"定义一个起点。

③将鼠标移至终点，单击"左键"定义一个终点，此时的线条如同橡皮筋，可将鼠标置于线条上并拖动，即可改变其形状。

④单击"中键"或按"Enter"键或双击"左键"固定"细茎"的形状。

注意事项：绘制"细茎"过程中，"右键"是取消操作键。

（2）随意。单击"左键"确定起点，不要松开鼠标，"细茎"的形状由鼠标拖动的轨迹确定，松开鼠标即可将"细茎"形状固定下来。

（3）3点随笔或4点随笔。

①在窗口需要的位置，点击"左键"确定起点，不要松开鼠标，拖动鼠标至终点，松开鼠标，起点和终点之间的曲线由3个或4个控制点控制。

②将"右键"置于控制点上并移动，将"细茎"调整为需要的形状。

③单击"左键"或按"Enter"键或单击"中键"将图形固定。

（4）多点随笔。在"细茎"属性对话框中设置"点距"（即控制点之间的距离，单位为像素点），系统自动将绘制的线条分割成等间距的线段。具体操作同"3点随笔或4点随笔"工具。

（5）逐点拟合。

①在窗口需要的位置，点击"左键"确定起点。

②在窗口中每点击一次"左键"，增加1个控制点。

③用鼠标"右键"对控制点位置进行调整，单击"左键"或按"Enter"键或单击"中键"确定图形。

（6）圆弧。用于绘制圆弧形或半圆形的图形。在窗口中需要的位置点击"左键"确定起点，每点击一次"左键"，增加1个控制点（最多有3个控制点），当点击第4次"左键"时，图形被确定，同时也可按"Enter"键或点击"中键"或点击"右键"确定图形。

五、漏壶

"漏壶"工具位于主工具栏，用于在封闭的
区域内填充颜色，或将某几种颜色更改成需要的
颜色。

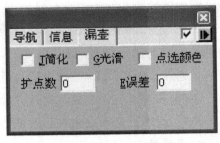

图3-4-22　"漏壶"工具属性对话框

1. 属性对话框

"左键"单击"漏壶"工具，弹出属性对话
框，见图3-4-22。

（1）点选颜色。在某几种颜色包围区域内或
指定的颜色上填充。

（2）误差。指定填色时的颜色容差，即扩大被选中的颜色范围。

（3）简化。把中间的颜色简化。

（4）光滑。定义一个光滑的边缘。

（5）扩点数。在原来填色的基础上，由色块边缘向外部扩延的像素点数，效果示意
见图3-3-23。

注意事项： "光滑"和"简化"只对"误差"起作用，对"点选颜色"不起作用。

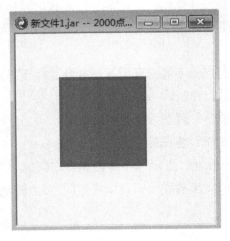
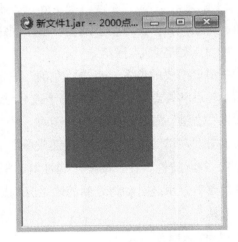

(a) "扩点数"为0　　　　　　　　　　　(b) "扩点数"为30

图3-4-23　选择"扩点数"填充时的效果示意图

2. "漏壶颜色"对话框

"左键"双击"漏壶"工具图标或选中"点选颜色"复选框，弹出"漏壶颜色"对话
框，如图3-4-24所示。

（1）表面色。设置成被填充的对象颜色。

（2）边界色。是指以一种或多种颜色作为填充时的边界，即"漏壶"仅对"边界

色"包围的区域进行填充。

（3）去杂色。以最大范围作为"边界色"，其他"边界色"所包围的颜色也将被填充成前景色。

（4）四联通。当边界是一个像素点时起作用。选中"四联通"，表示单独存在的对角点都是连接上的；不选中"四联通"，表示两个单独存在的对角点之间是断开的。

（5）操作层。针对某一层。

（6）读出。读出所存的颜色。

（7）保存。保存设置的颜色。

图3-4-24　"漏壶颜色"对话框

3. 具体操作

（1）使用"点选颜色"填充。

①调出"漏壶颜色"对话框。

②将要作为"边界色"或"表面色"的颜色选入对话框中，并选择"边界色"或"表面色"，"左键"点击"确定"。

③将"漏壶"处理后的预期目标色设置为前景色。

④将"漏壶"移至需要填充颜色的区域，单击"左键"即可。

（2）使用"误差"操作。

①采用"左键"双击"漏壶"工具，调出"漏壶颜色"对话框。

②将要作为"边界色"或"表面色"的颜色选入对话框中，并选择"边界色"或"表面色"，"左键"点击"确定"。

③设置误差值。

④将"漏壶"处理后的预期目标色设置为前景色。

⑤将"漏壶"移至需要填充颜色的区域，单击"左键"即可。

使用"误差"填充时的效果示意图见图3-4-25。图3-4-25（a）中误差值较小，其中很多黑点未被灰色填充；图3-4-25（b）中误差值较大，基本没有黑点存在。

注意事项：

（1）对于由"边界线"和"色块"构成的分色样稿（图3-4-26），为了方便描稿，可以新建一个多色图层，用一种颜色将边勾出，然后用另一种颜色进行填充，再进行单色另存为，即可完成2个颜色图案的分离。

(a) 原图

(b) "误差值"为20

(c) "误差值"为120

图3-4-25　使用"误差"填充时的效果示意图

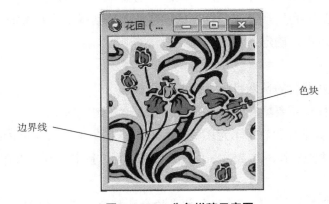

色块

边界线

图3-4-26　分色样稿示意图

（2）对于分色形成的单色稿件，如果色块由色泽不均一的色点组成，可采用"误差"填充，通过误差值的调整，将色泽不均一的色块修改为均一的色块。

六、镜像

"镜像"工具用于将图像进行"拍照"，将其复制到镜子中，"图像"菜单和主工具栏均有"镜像"工具。

1. "图像"菜单中的"镜像"

"图像"菜单中的"镜像"用于将图像进行 "水平"或"垂直"镜像。镜像效果见图3-4-27。

(a) 原图

(b) 水平镜像

(c) 垂直镜像

图3-4-27　镜像效果示意图

2. 主工具栏中"镜像 ✦"

主工具栏中的"镜像"也称为"随意镜像"，可以与"激活活动区域"工具和"提取"工具配合使用。下面以与"激活活动区域"工具配合使用为例，对"镜像"工具的具体操作进行介绍。

①用"激活活动区域"工具激活一个活动区域［图3-4-28（a）］，定义要"镜像"的范围。

②选择"镜像"工具。

③单击"左键"定义起点，拖动鼠标，起点和鼠标之间形成一根带有箭头的线条，箭头方向为镜像形成的图像出现的方向［图3-4-28（b）］。

④拖动鼠标，可以将镜像线进行旋转，确定方向后，单击"左键"。

⑤再次单击"左键"，完成镜像［图3-4-28（c）］。

注意事项：

（1）"图像"菜单中的"镜像"工具，只能进行"水平"或"垂直"镜像，且处理后，原来位置的图像消失，只有镜像后的图像。

（2）主工具栏上"镜像"工具可以进行任意角度的镜像，且处理后，原来位置的图像和镜像后的图像同时存在。

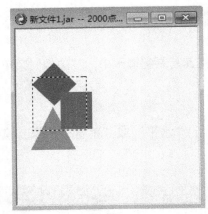

(a) 激活活动区域

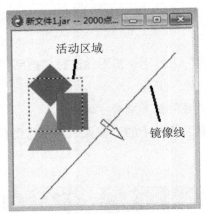

(b) 设置镜像线

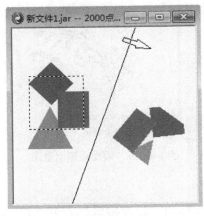

(c)镜像后的图像

图3-4-28 "镜像"与"激活活动区域"工具配合使用示意图

七、旋转

当一幅样稿中，存在形状相同而发生一定角度的旋转图案时（图3-4-29），可描一个角度的图案后，通过旋转实现其他角度图案的分离。

在金昌EX9000软件中，可用"图像"菜单中的"旋转"命令和"拷贝移动元素"工具对图像进行旋转。

1. "图像"菜单中的"旋转"

"图像"菜单中"旋转"命令主要有以下几种功能。

（1）180度。将当前图像旋转180度。

（2）顺时针90度。将当前图像顺时针旋转90度。

（3）逆时针90度。将当前图像逆时针旋转90度。

（4）任意角度。将当前图像根据要求进行任意角度旋转。执行"任意旋转"命令时，在弹出的对话框（图3-4-30）中输入"角度"和选择是否要进行"光滑"处理，"角度"可输入的范围为-359.99～359.99，正值为逆时针旋转，负值为顺时针旋转。

（5）光滑45度旋转。将当前图像进行45度旋转的同时将图像缩小1.414倍。

（6）快速顺时针90度。将当前图像快速顺时针旋转90度。

（3）快速逆时针90度。将当前图像快速逆时针旋转90度。

图3-4-29　可用旋转工具处理的样稿

2．"拷贝移动元素"工具

具体操作详见第二章第三节中"拷贝移动元素"工具中的"改变图像形状"部分。

注意事项："图像"菜单中的"旋转"命令是将整个窗口进行旋转，图像位置发生移动，而采用"拷贝移动元素"工具对图像进行旋转时，图像在原位置发生旋转。

图3-4-30　"任意旋转"对话框

八、图像的复制

在金昌EX9000软件中，可用"拷贝移动元素"工具、"镜像"工具、"提取"工具和"印章"工具对图像进行复制。

1．"拷贝移动元素"工具

具体操作详见第二章第三节中"拷贝移动元素"工具中"拷贝移动"部分。

2．"镜像"工具

（1）采用"镜像"工具将要复制的图像进行镜像处理。

（2）利用"旋转"工具对镜像形成的图像进行旋转处理。

（3）利用"移动"工具将处理后的图像移至需要位置即可。

3."提取"工具

具体操作详见第二章第三节中"图像的提取"部分。

4."印章"工具

"印章"工具具有"图像印章 🖾"和"图案印章 🖾"两种功能。"图像印章"用于图像元素的复制，"图案印章"是用定义的图案进行填图。

（1）属性对话框。"左键"单击工具栏中"印章"工具图标，显示属性对话框，见图3-4-31。

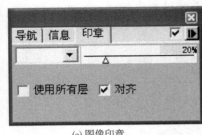
(a) 图像印章

(b) 图案印章

图3-4-31　"印章"属性对话框

注意事项：对齐：选中"对齐"，定义好取样点的取样区域和目的地，拷贝时，取样区域和目的地之间始终保持一定的距离和方向；不选中"对齐"，定义好取样点的取样区域和目的地后，拷贝时，取样区域不变，目的地可以任意改变。

（2）具体操作。

①图像印章。

a. 打开图像。

b. "左键"单击"图像印章"工具图标。

c. 将鼠标移至图形上，按住"Alt"键的同时单击"左键"，确定取样区域。

d. 将鼠标移至目的地，单击"左键"将取样区域图形复制到目的地，见图3-4-32。

②图案印章。

a. 打开或新建一个文件，见图3-4-33（a）。

b. 用"提取"工具将某一颜色的图案提取出来，并生成新窗口。

c. "左键"单击"图案印章"工具，再用"左键"在"图案印章"属性对话框中单击"定义模板"。

d. 新建一个新的文件，在新的文件中单击"左键"，即可将提取出来的图形填充到空白的区域，见图3-4-33（b）。

注意事项：执行"编辑"菜单中的"定义模板"命令，也可将当前图形定义为模板，供"图案印章"工具使用。

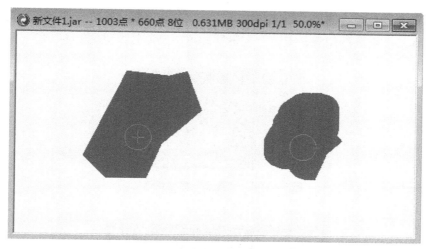

图3-4-32 "图像印章"示意图

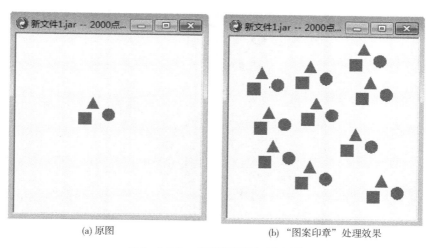

(a) 原图   (b) "图案印章"处理效果

图3-4-33 "图案印章"示意图

九、泥点

"泥点"工具位于主工具栏，用于绘制不规则点组成的图像，有"模板泥点 ▧"和"随机泥点 ▩"两种功能。

1. 模板泥点

操作者既可以选用系统提供的泥点模板，也可选用自己绘制的泥点模板（简称"自定义泥点模板"）。

（1）系统提供的泥点模板。

系统提供了19种不同形状、大小的泥点模板。

①新建或打开文件。

②在"泥点"属性对话框中选择"泥点模板"，见图3-4-34。

③在"精度"处输入数值，数值越大，"泥点"越密集；反之，"泥点"越稀。

④将鼠标移至需要的位置，点击"左键"即可，绘制效果见图3-4-35。

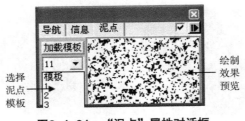

图3-4-34　"泥点"属性对话框

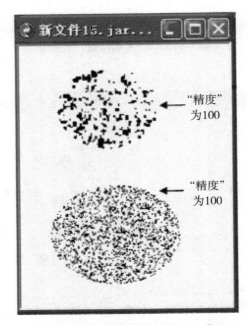

图3-4-35　模板11的绘制效果示意图

（2）自定义模板。

①新建一个单色稿文件，见图3-4-36。

②选用"随意"色块工具绘制泥点状的色块，见图3-4-37。

③将单色稿文件保存为"*.jc1"文件。

④新建或打开一个文件，在"泥点"属性对话框中选择"加载模板"，在弹出的对话框中选择保存过的"泥点模板"文件。

⑤在文件中，以自定义的泥点模板绘制图案。

2. 随机泥点

随机泥点是用点子的大小、形状和密度来控制泥点。单击"随机泥点"图标，弹出属性对话框，见图3-4-38。

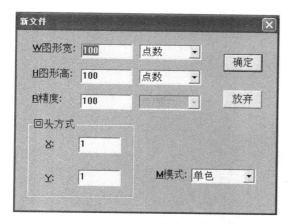

图3-4-36　新建单色稿文件

图3-4-37　绘制泥点状色块

（1）形状。有"三角形""圆形""方形"和"随机"四种选择，选择"随机"时，画出的泥点由"三角形""圆形""方形"组成。

（2）大小。默认值为2和1，是指最大的泥点为2×2像素点、最小的泥点为1×1像素点。

（3）软裁剪。激活活动区域时起作用。选中"软裁剪"，活动区域边上的泥点是完整的；反之，区域边上的泥点是不完整的，但区域范围内的泥点仍是完整的。处理效果见图3-4-39。

图3-4-38　"随机泥点"属性对话框

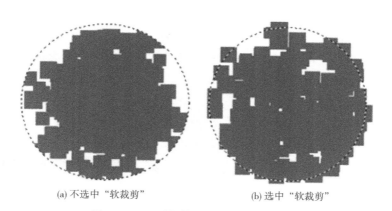

(a) 不选中"软裁剪"　　　　　(b) 选中"软裁剪"

图3-4-39　"软裁剪"处理效果示意图

注意事项：

（1）自定义泥点模板时的文件必须是单色稿文件。

（2）"泥点"工具可以与"激活活动区域"工具配合使用，处理效果示意图见图3-4-39（a）不选中"软裁剪"。

（3）"泥点"工具可以与"保护色"和"非保护色"配合使用，处理效果示意图见

图3-4-40。

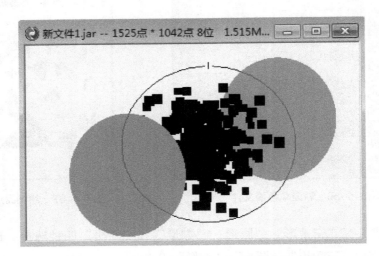

图3-4-40 "泥点"工具与"保护色"配合使用示意图

十、喷枪和毛笔

"喷枪 ✗"和"毛笔 ✐"均位于主工具栏,"毛笔"位于"喷枪"右边。

1. 功能

(1)喷枪。将渐变色调(包括彩色喷雾)应用到图像,模拟传统的喷枪制作。线条的边缘比用"画笔"工具创建的线条更发散。

(2)毛笔。"毛笔"工具位于主工具栏中,用于创建柔和的彩色线条。

注意事项:"喷枪"和"毛笔"在云纹文件或云纹图层中才能绘制出云纹效果,在其他色彩模式时作为普通的喷枪使用。

2. 属性对话框

单击"喷枪"图标或"毛笔"图标,弹出属性对话框,见图3-4-41。

(1)压力。用于调整喷雾的力度。滑块越靠近右边,压力越大,绘制图像的颜色越深;滑块越靠近左边,压力越小,绘制图像的颜色越浅。

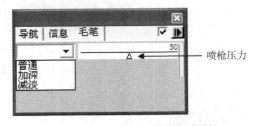

图3-4-41 "喷枪"属性对话框

(2)绘制效果。

①普通。可以在任意颜色上画出前景色。

②加深。只能在比前景色浅的颜色上画出前景色。

③减淡。只能在比前景色深的颜色上画出前景色。

十一、枯笔

单击"枯笔 ✏"图标，弹出属性对话框，见图3-4-42。

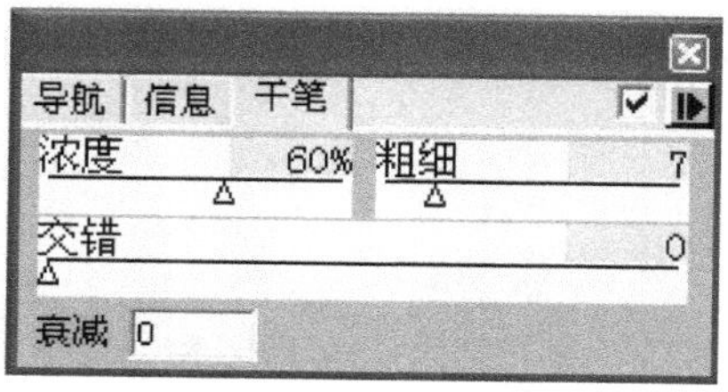

（1）浓度。表示枯笔内点子的多少，以百分比表示。数值越大，点子越多；反之，点子越少。绘制效果见图3-4-43。

（2）粗细。表示枯笔内点子的大小。数值越大，点子越大；反之，点子越小。绘制效果见图3-4-44。

图3-4-42 "枯笔"属性对话框

（3）交错。表示枯笔内点子变化的程度。"交错"数值为0时，点子无变化；"交错"数值不为0时，点子有大小变化，数值越大，变化越大。绘制效果见图3-4-45。

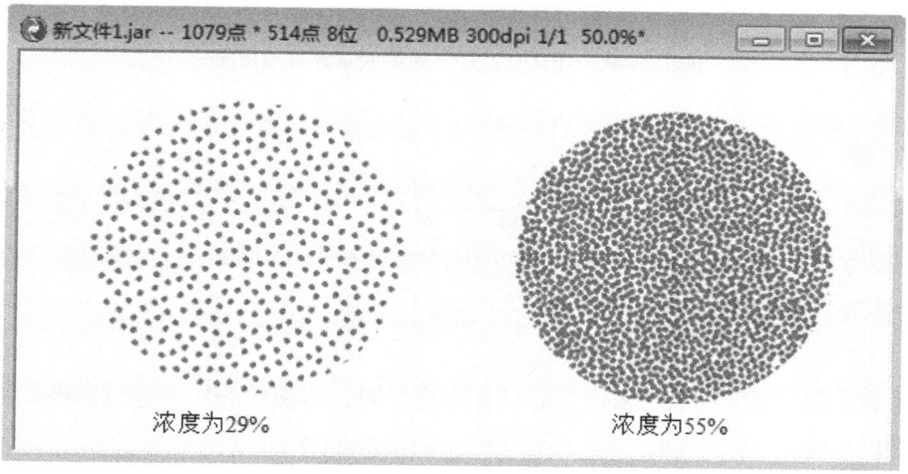

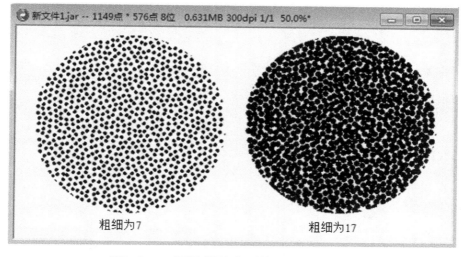

图3-4-43 不同"浓度"时的绘制效果示意图

图3-4-44 不同"粗细"时的绘制效果示意图

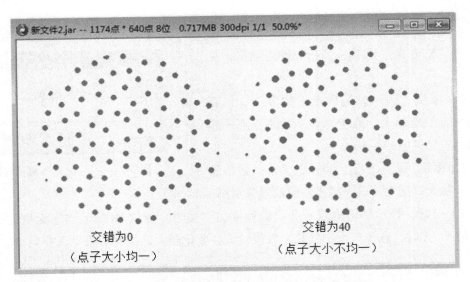

图3-4-45 不同"交错"时的绘制效果示意图

十二、滤镜

　　"滤镜"的作用是对图像进行"模糊""加噪""去噪""锐化"等处理。可用工具有"模糊"工具 ◊ 及"滤波"菜单中的"模糊""锐化""加噪"和"自定义"命令。

　　1."模糊"工具

　　（1）功能。

　　①模糊处理。当文件为"灰度"或"真彩色"时，对图像的局部进行模糊处理，处理效果见图3-4-46。

　　②去噪处理。当文件为"8位索引"或"单色稿"时，对图像进行去噪处理（即去杂点），处理效果见图3-4-47。

图3-4-46 "模糊处理"效果示意图

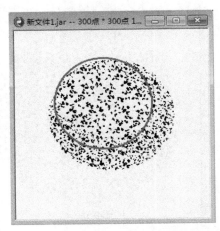

图3-4-47 "去噪处理"效果示意图

（2）属性对话框。单击"模糊"工具图标，弹出属性对话框，见图3-4-48。

①压力。控制模糊程度。滑块越靠右，模糊程度越大；滑块越靠左，模糊程度越弱。

②线长度。要去除的杂点线的长度。

③点面积。要去除的最大点子的大小，单位为像素点。

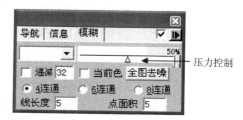

图3-4-48　"模糊"工具属性对话框

④当前色。选中"当前色"，仅对图像中的前景色进行去杂点；不选中"当前色"，对图像中所有颜色进行去杂点。

⑤全图去噪。对全图进行去杂点。

⑥4、6、8连通。像素点相连的方式。

注意事项：

（1）"压力"仅对"模糊功能"起作用。

（2）"线长度""点面积""当前色""全图去噪"和"4、6、8连通"对"去噪功能"起作用。

2. "滤波"菜单中的"模糊"命令

用于对灰度稿或真彩色图像进行模糊处理。模糊处理分为"轻度模糊""中度模糊"和"高度模糊"，每执行一次"模糊"命令，在上一次操作的基础上再进行一次处理，效果示意见图3-4-49。

（1）轻度模糊。除去噪点，并且对图像的颜色进行处理，使图像的一般像素和硬边界的像素平滑过渡，使图像变得模糊。

（2）中度模糊。相当于"轻度模糊"进行3~4的效果。

（3）高度模糊。比"中度模糊"更为强烈。

3. "滤波"菜单中的"锐化"命令

"锐化"命令位于"滤波"菜单，可使当前图像模糊的边界变清晰，处理效果见图3-4-50。

4. "滤波"菜单中的"加噪"命令

"加噪"命令位于"滤波"菜单，用于灰度稿加噪，使图像过度柔和。在属性对话框中输入的"误差"值越大，加入噪点越多，反之，越少。加噪处理效果见图3-4-51。

注意事项：灰度值为0的地方不加噪点。

5. "滤波"菜单中的"自定义"命令

"自定义"命令位于"滤波"菜单，可以在属性对话框中输入数值，对图像中每一个像素的亮度值进行调整。

执行"自定义"命令，弹出属性对话框，见图3-4-52。

(a) 原图　　　　　　　　　　　　(b) 轻度模糊

(c) 中度模糊　　　　　　　　　　(d) 高度模糊

图3-4-49　"模糊"处理效果示意图

(a) 锐化前　　　　　　　　　　　(b) 锐化后

图3-4-50　"锐化"处理效果示意图

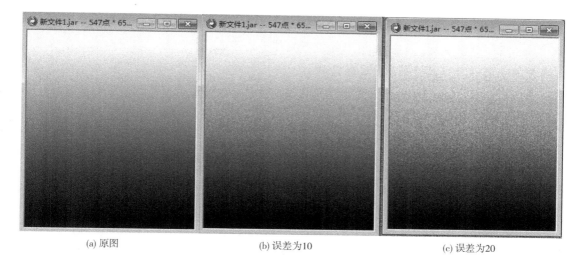

(a) 原图   (b) 误差为10   (c) 误差为20

图3-4-51   "加噪"处理效果示意图

图3-4-52   "自定义"属性对话框

在5×5的方框中可以输入数值的范围为-100~100，输入不同的数值可以产生不同的滤镜。本书对"锐化滤镜""模糊滤镜"和"浮雕滤镜"进行简介。

（1）锐化滤镜。设置对称的负值和正值的中心值，且输入的所有数值相加之和为1。

（2）模糊滤镜。设置对称的正值和正的中心值。

（3）浮雕滤镜。在中心相反的两侧分别设置正值和负值，中心值为1。

注意事项：

（1）"自定义"处理的图像应为灰度稿或真彩色稿件。

（2）为了突出显示边缘，要求设置对称的正值和负值的中心值，且输入的所有数值相加之和为1。

（3）选择"平均"，表示中心点的颜色值以X为宽、Y为高的一个矩形内所有元素值的平均值进行模糊处理，5×5方框中数值不起作用；不选"平均"，则中心点颜色值是按上面的数值乘以它对应位置元素色值的和。

十三、手指涂抹

"手指涂抹"工具隐藏于"模糊"工具中，"右键"单击"模糊"工具图标即可选中"手指涂抹"工具，"手指涂抹"工具属性对话框见图3-4-53。

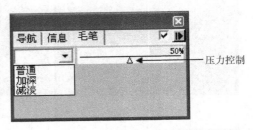

图3-4-53 "手指涂抹"工具属性对话框

（1）压力。用于调整涂抹的程度。滑块越靠近右边，压力越大，可涂抹的程度越大；滑块越靠近左边，压力越小，可涂抹的程度越小。不同压力时的涂抹效果见图3-4-54。

（2）绘制效果。

①普通。既可以从图像中深色部分向浅色部分涂抹，又可以从图像中浅色部分向深色部分涂抹。

②加深。只能从图像中深色部分向浅色部分涂抹。

③减淡。只能从图像中浅色部分向深色部分涂抹。

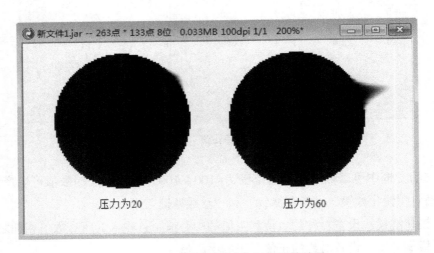

图3-4-54 不同"压力"时的涂抹效果

注意事项：*"手指涂抹"工具只有在灰度模式下可以涂抹出云纹效果，而其他模式下没有云纹效果。*

十四、色调编辑

"色调编辑"工具位于"模糊"工具右边，具有"减淡 ✑""加深 ✑"和"对比度 ⬤"三种功能，"右键"单击图标可相互切换。

1."减淡"与"加深"

"减淡"是使图像局部加亮［图3-4-55（a）］，"加深"是使图像局部变暗［图3-4-55（b）］。单击"减淡"或"加深"图标，弹出属性对话框，见图3-4-56。

(a)"减淡"处理

(b)"加深"处理

图3-4-55　"减淡"与"加深"处理效果示意图

（1）暗部。更改图像的暗色部分。

（2）中间色调。更改图像中灰色的中间范围。

（3）亮部。更改图像中亮色部分。

注意事项：不选择处理方式，可对图像中所有颜色进行"减淡"或"加深"处理。

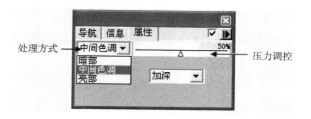

图3-4-56　"减淡"与"加深"属性对话框

2."对比度"工具

精细地改变图像中某一区域的色彩饱和度，"左键"单击"对比度"工具图标，弹出属性对话框，见图3-4-57。

（1）处理方式。

①增强。强化颜色的饱和度，见图3-4-58（a）。

②减弱。降低颜色的饱和度，见图3-4-58（b）。

图3-4-57　"对比度"工具属性对话框

（2）压力调控。表示执行一次该命令的变化程度，以百分比表示，数值越大，执行一次该命令的变化程度就越大，反之越小。

(a) 增强   (b) 减弱

图3-4-58 **"增强"与"减弱"处理效果示意图**

注意事项： "色调编辑"工具只在"灰度"稿和"真彩色"稿中起作用。

十五、拉云纹层次

当图像是真彩色或灰度文件时，"拉云纹层次"工具 ▣ 可以创建多种颜色的逐渐混合（即渐变效果）。"拉云纹层次"工具在"8位索引"模式下绘画的是泥点，在"灰度"模式下绘画的是云纹。

1. 属性对话框

点击"拉云纹层次"图标，弹出属性对话框，见图3-4-59。

（1）渐变类型。

①线形。从起点到终点以直线形式逐渐变化。

②圆形。从起点到终点以圆形图案逐渐变化。

图3-4-59 **"拉云纹层次"工具属性对话框**

（2）渐变方式。在"渐变方式"下拉框中有"渐淡""渐浓""中间浓""中间淡"和"由前景色到背景色"5种方式可供选择。

（3）大小。"8位索引"模式文件中起作用，分别指的是泥点中最大点子和最小点子的大小。

（4）密度。"8位索引"模式文件中起作用，指的是泥点分布的密集程度。数值越大，越密集；数值越小，越稀疏。

（5）抖动。指色点发生缓动而产生错位，数值越大，错位现象越明显，效果示意见图3-4-60。

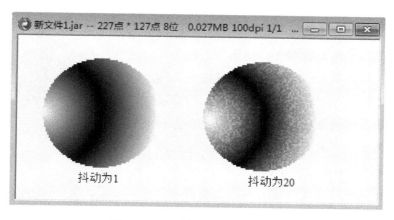

图3-4-60　"抖动"效果示意图

（6）编辑。设计一种新的渐变方式，具体操作如下。

①"左键"单击"编辑"，弹出"云纹层次调整"对话框，见图3-4-61。

②"左键"点击"加入"，即可在列表中新建一个渐变方式，默认名称为选中的渐变方式后面加S（例如，选中的"渐淡"，新建的云纹名称则为"渐淡S"）。"左键"单击"改名"，可将新建的渐变方式改成需要的名称。

③"左键"双击"色块"，在弹出的"选颜色"中更改"起点色标"的颜色。

④拖动"云纹"处的小三角形滑块，设置"终点色标"的灰度值，以百分比表示，0%表示黑色，100%表示白色。

⑤通过改变"起点色标""中点色标"和"终点色标"的位置来设置渐变方式。

⑥"左键"单击"确定"，即可完成渐变方式的设置。

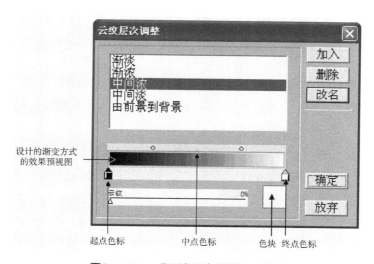

图3-4-61　"云纹层次调整"对话框

十六、逐点修改

"逐点修改"工具 ✎ 隐藏于"栅格"工具中，选中"栅格"工具并单击"右键"，即可在主工具栏中显现"逐点修改"工具。"逐点修改"工具以单个像素点的形式用前景色对图像进行修改，主要用于两种颜色的图案之间衔接处的修改。"逐点修改"的示意图见图3-4-62。

注意事项： 选中"逐点修改"工具，在图像上单击"左键"，图像放大到最大，以便于进行修改。

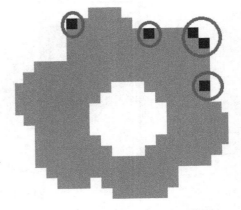

图3-4-62 **"逐点修改"示意图**

十七、文字

"文字"工具用于在文件中输入各种文字字体，输入的文字有"普通文字 T"和"矢量文字 T₄"之分。

1. 普通文字

"左键"单击"普通文字"图标，弹出属性对话框，见图3-4-63。

图3-4-63 **"普通文字"属性对话框**

（1）文字输入。在文字输入栏输入文字。

（2）字体设置。"左键"单击"字体设置"按钮，在弹出的对话框（图3-4-64）中设置字体的"类型""字形""大小""颜色""删除线""下划线"和"字符集"（即语种）。

（3）排列方式。在"文字"属性对话框中，在"间距"处输入数值来设置文字间的距离，选择"竖排"使文字进行竖排，不选"竖排"，文字进行横排。

（4）在文件需要的位置单击"左键"，将在文字输入栏中输入的文字画在文件中。拖动文字框可调整文字的大小，将鼠标置于文字框的角上可进行旋转和移动。

2. 矢量文字

"矢量文字"工具隐藏于"普通文字"工具中，选中"普通文字"工具并单击"右键"，即可在主工具栏中显现"矢量文字"工具。

（1）属性对话框。单击"矢量文字"工具图标，弹出属性对话框，见图3-4-65。

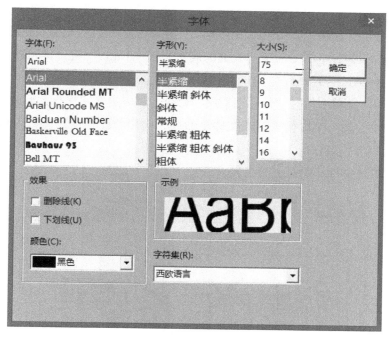

图3-4-64 "字体设置"对话框

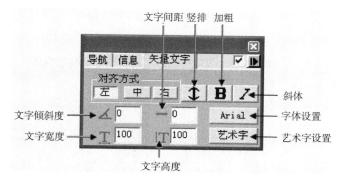

图3-4-65 "矢量文字"属性对话框

（2）具体操作。

①新建一个文件。

②在"图层"控制面板中增加一个"字体"图层，详见第三章第二节"图层"部分。

③选择"矢量文字"工具，在"矢量文字"属性对话框中设置"对齐方式""竖排""加粗""斜体""宽度""高度"等参数。

④在文件中单击"左键"，在光标处直接输入文字，见图3-4-66。

⑤选中其中的部分文字，可在字体属性对话框中对其进行参数调整。

⑥艺术字体设计。在文字前点击"左键"，拖动鼠标将部分文字选中，"左键"单击

"艺术字"，在弹出的对话框中设置"样式""排布方式（水平或垂直）""弯曲""扭曲（水平扭曲和垂直扭曲）"等参数。"矢量文字"艺术字体参数设置对话框见图3-4-67。

⑦在行首点击"左键"，当鼠标变成 ▶ 时，移动鼠标即可将文字移到需要的位置。

⑧所有参数设定后，按住"Ctrl"键的同时点按"Enter"键，即可将文字固定，此时，输入的文字参数不再被修改。

⑨在"文件"菜单中执行"保存活动层"命令，将矢量文字保存为*.jcf格式。

⑩在"文件"菜单中执行"打开文件"命令，弹出"图像新精度"对话框（图3-4-68），修改文件的"精度"。

⑪打开的矢量文件，仍可进行参数设置。

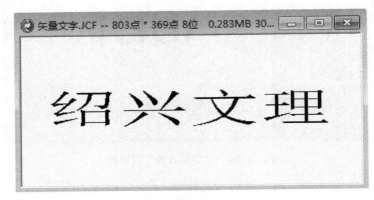

图3-4-66 　"矢量文字"示意图

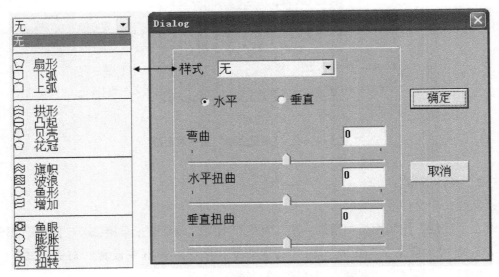

图3-4-67 　"矢量文字"艺术字体参数设置对话框

⑫设置好参数后，执行"图像"菜单中　"字体格栅化"命令，将矢量文字转化为图像格式。

⑬保存文件，文件中的文字参数将不能被修改。

注意事项："矢量文字"的图层或文件不能被裁剪，只有"字体格栅化"后才能被裁剪。

十八、特殊线

特殊线是指"波浪线 ～"和"螺旋线 ⊘"，位于主工具栏中同一位置，"右键"单击"波浪线"图标或"螺旋线"图标即可进行相互切换。单击特殊线图标，弹出属性对话框，见图3-4-69。

图3-4-68　**"图像新精度"对话框**

1. *波浪线*

（1）圆个数。波峰或波谷的个数。

（2）起始角度。调整波浪线波峰的起点。

2. *螺旋线*

（1）圆个数。螺旋线圆圈的个数。

（2）起始角度。调整螺旋线的起点。

图3-4-69　**"特殊线"属性对话框**

（3）顺时针和逆时针。只对螺旋线起作用，是指螺旋线旋转的方向。

注意事项：

（1）特殊线的粗细在辅助工具栏中的"线宽"处调节。

（2）按"R"键后，转动鼠标可使特殊线发生旋转。

（3）按住"右键"的同时移动鼠标，可使特殊线发生变形。

（4）可在"线形"控制面板中设置特殊线的形状，如实线、虚线、粗细分布等。

波浪线和螺旋线的绘制效果示意图见图3-4-70。

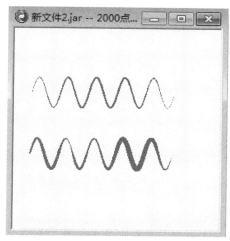

(a) 波浪线

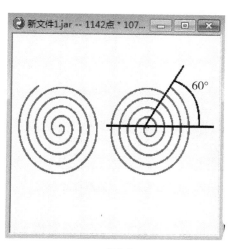

(b) 螺旋线

图3-4-70　**特殊线绘制效果示意图**

十九、毛毛虫

"毛毛虫"工具用于画各种有规律的图形所组成的图像，即图像中存在许多重复的单元。

1. 属性对话框

"右键"单击"毛毛虫"工具图标 ，弹出属性对话框，见图3-4-71。

（1）比例。画毛毛虫时，第一列的数值表示第一个单元与原来毛毛虫单元之间的比例，后一列数值表示最后一个单元与原来毛毛虫单元之间的比例。

（2）角。表示毛毛虫单元与基线之间的夹角。前一个数值表示第一个单元与基线之间所成的角度，后一个数值表示最后一个单元与基线之间所成的角度。

（3）第二列参数。选中"第二列参数"，在图像中调整箭头和圆时，改变"比例"和"角"的右边一列的数值。不选中时，改变左边一列的数值。

（4）打散。选中"打散"，毛毛虫图中的每一次操作为一个单元，而不是一个整体。"打散"一般只有当文字作为毛毛虫时使用。

（5）保存。把当前画好的毛毛虫小单元保存起来，以便下次使用。

注意事项：当毛毛虫单元个数多于2个时，中间毛毛虫单元的大小和角度为"比例""角"参数中第一列与第二列两个数值之间的某一个数值。

2. 具体操作

（1）打开有"毛毛虫"特点的图像文件（图3-4-72），将其色彩模式转换为8位索引模式。

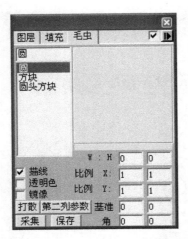

图3-4-71 "毛毛虫"工具属性对话框

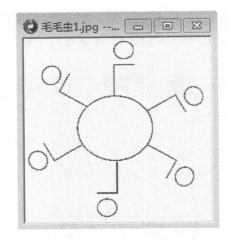

图3-4-72 毛毛虫原图

（2）选择"提取"工具，在图像文件中提取一个最小单元并生成新窗口（在"提取"工具对话框中选择"生成新窗口"），见图3-4-73（a）。

（3）用几何图形、曲线、勾色块、撇丝、波浪线等工具画出"毛毛虫"的最小重复单元，见图3-4-73（b）。

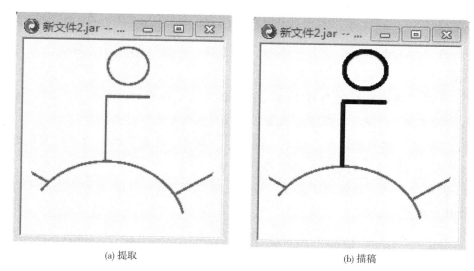

(a) 提取　　　　　　　　　　　　　　　　(b) 描稿

图3-4-73　"毛毛虫"最小重复单元的"提取"与"描稿"

（4）在"毛毛虫"工具上双击"右键"，文件名变为"毛毛虫"，文件中出现两个圆和一个带箭头的十字线，见图3-4-74。

（5）"毛毛虫"参数设置。

①十字线中心为"毛毛虫"起点，在中心点处按住"左键"移动，可改变中心点的位置。

②箭头表示"毛毛虫"单元和基线所成的角度。鼠标置于大圆外部变成带双箭头的弧形，按住"左键"移动，可改变箭头方向；也可在"毛毛虫"控制面板中"角"后的输入框中输入数值来改变箭头的方向。

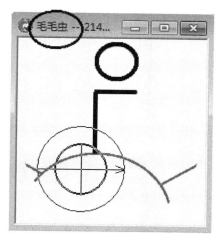

图3-4-74　生成"毛毛虫"文件

③箭头所指的外圆大小为画"毛毛虫"时各个小单元之间的距离。可在圆上按住"左键"调整圆的大小；也可在"虚线"控制面板中的"空白"处输入数值来调整圆的大小。

④小圆代表"毛毛虫"最小单元的大小，鼠标置于小圆处变成上下箭头，拖动"左键"，可改变圆的大小，也可以在"毛毛虫"控制面板中比例X后的输入框中输入数值改变圆的大小。

（6）按"Ctrl"+"Tab"键，切换到原图像文件，选择"几何图形"工具，"毛毛虫"工具变黑（可用状态），在"毛毛虫"工具上点击"左键"进行选择。

（7）在原图像文件中新建一个单色图层，在单色图层上，依据原图画一个圆，"毛毛虫"会自动沿着圆形路径进行排列（勾边不选时，画的"毛毛虫"没有基线，反之，则有）。

注意事项：

（1）画"毛毛虫"最小重复单元时，不可用"云纹"工具、"漏壶"工具、"泥点"工具。

（2）当在"虚线"控制面板中输入"段数"后，画出的"毛毛虫"不以间距定义"毛毛虫"的多少，而是以个数（即段数）来确定"毛毛虫"的多少。

（3）"虚线"控制面板中，选中"调整"，画"毛毛虫"的一段线的首尾都有"毛毛虫"，使各段相接的"毛毛虫"的间距一致。

（4）根据绘制的路径不同（直线、圆弧、圆形等），"毛毛虫"最小单元可以进行不同的排列，见图3-4-75。

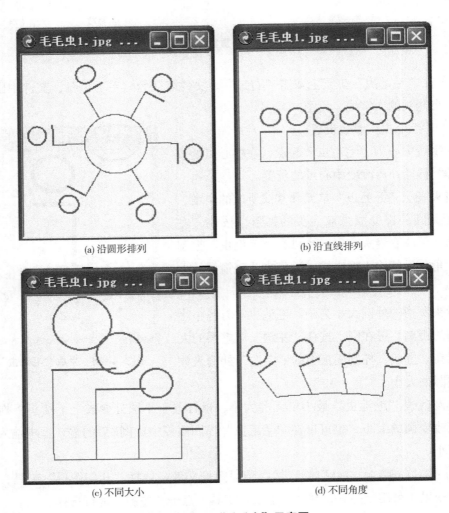

图3-4-75　"毛毛虫"示意图

二十、图像缩扩

"工艺"菜单中的"缩扩点"和"选择"菜单中"叠扩"均用于对图像进行缩扩处理。

1. 缩扩点

"缩扩点"用于同一图形中色与色之间的叠扩，其目的是避免在印花过程中由于机械误差而产生露地（或"露白"）。缩扩点处理的原则是浅色向深色扩点，一般为3像素点300线左右。

（1）属性对话框。执行"工艺"菜单中"缩扩点"命令，弹出属性对话框，见图3-4-76。

①缩扩点数。输入正数为扩点数（使线条变粗），输入负数为缩点数（使线条变细），单位均为像素点。

②方式。图像缩扩处理时的方式，分为"方形""圆形"和"菱形"三种，一般选择"圆形"，效果见图3-4-77。

③包边。在原来要缩扩点的颜色上加上以背景色为边的包边线。

④快速。选择"快速"时，前景色可以向不相连的颜色进行缩扩点；不选择"快速"，前景色只能向相连的颜色进行缩扩点。

⑤向前景色复色。左边的对话框中即出现所有颜色向前景色做复色。

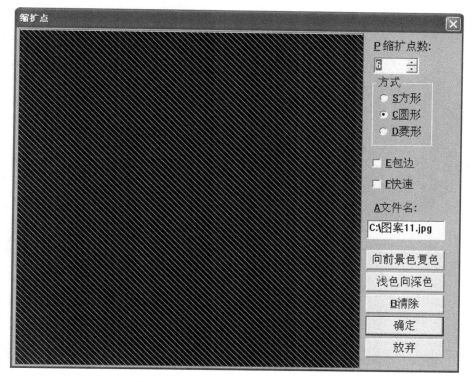

图3-4-76　"缩扩点"属性对话框

⑥浅色向深色。对于所有颜色，系统自动由浅色向深色进行处理。

（2）具体操作。

①打开图像文件，见图3-4-78。

②选择保护色和非保护色：将被缩扩点的颜色设置为非保护色（或将不被缩扩点的颜色选为保护色）。

③将要进行缩扩点处理的颜色选为前景色。

④打开"缩扩点"属性对话框，设置"缩扩点数"和"方式"。

⑤"左键"单击"确定"，完成"缩扩点"处理。

注意事项："缩扩点数"为两色间重叠像素的2倍。例如，使红色向黄色缩扩6个像素点，则在"缩扩点数"中输入12。

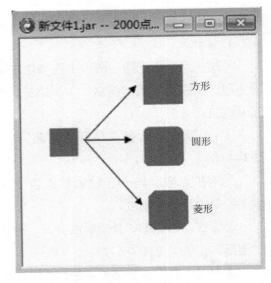

图3-4-77　不同缩扩方式

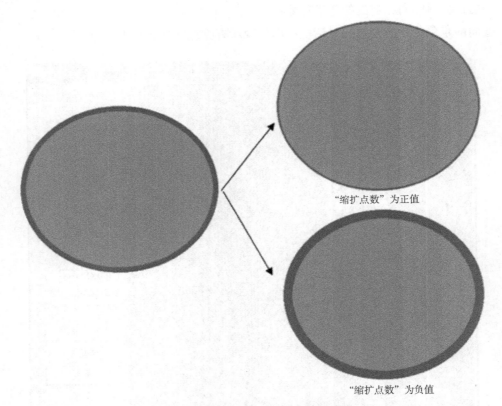

图3-4-78　"缩扩点"效果示意图

2.叠扩

"叠扩"命令位于"选择"菜单中，用于灰度图像之间叠扩，要求图像是灰度稿件，且同时选中2个以上图层。

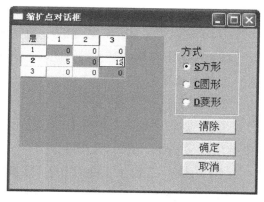

图3-4-79 "叠扩"属性对话框

（1）属性对话框。选中多个灰度图层后，执行"选择"菜单中的"叠扩"命令，弹出属性对话框，见图3-4-79。

①方式。有方形、圆形和菱形三种。

②层。斜对角线上的深色层为被叠扩层（其他层向该层进行叠扩），其他为需要进行叠扩的层（向被叠扩层进行叠扩的层）。例如，"5"表示第二层向第一层扩5个像素点，"12"表示第二层向第三层扩12个像素点。

③清除。用于清除"层"中输入框中的数值。

（2）具体操作。

①打开一个灰度图像文件。

②在"图层"控制面板中增加灰度图像文件，选择"从文件读取"。

③同时选中所有图层。

④执行"叠扩"命令，在属性对话框中输入相应的数值，并选择叠扩方式。

⑤"左键"单击"确定"即可。

二十一、领带加模子

用于把领带小回头文件加到已做好的领带模子上。

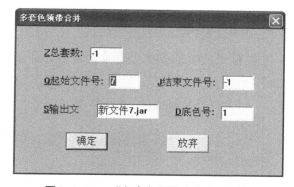

图3-4-80 "多套色领带合并"对话框

1.属性对话框

"领带加模子"属性对话框与"贴边、连晒"对话框相同（图3-2-30），点击"确定"后，出现"多套色领带合并"对话框，见图3-4-80。

（1）总套数。表示共加几套色，且确定色标的多少。在系统配置中文件命名规则中定义此稿的总套数，系统会自动读入总套数。

（2）"起始文件号"和"结束文件号"。表示领带加模子的单色稿从第几套开始到第几套结束。在系统配置中的文件命名规则中定义此稿的第几套，系统自动读入第几套。当"结束文件号"为-1时，只对当前的单色稿加领带模子。

（3）输出文。进行多个文件加模子时，系统将加好领带模子的单色稿进行保存，在

"输出文件"中只需输入第一套的文件名（在默认情况下，应与打开的单色稿的文件名相同）。

（4）底色号。表示把领带模子的色标和包茎加到第几套单色稿上。默认情况是第一套，即第一套上有第一套色标，同时还有另外几套色标的包茎。

2. 具体操作

（1）打开已做好的领带模子。

（2）执行"编辑"菜单中的"拷贝"命令，把领带模子拷贝到剪贴板中。

（3）打开领带的小回头文件。

（4）执行"工艺"菜单中的"领带加模子"命令，出现属性对话框（图3-2-30）。在对话框中设置"回头方式""转45度"和连晒的起始位置（即9个小圆点的位置）。

（5）单击"确定"，在"多套色领带合并"对话框（图3-4-80）中设置相应参数。完成设置后，单击"确定"即可。

注意事项：

（1）当小回头是548dpi、1696dpi时，必须选择"转45度"。

（2）多套色一起加领带模子时，单色稿的文件名必须统一，符合文件命名规则，且保存在同一路径下。

第五节　单色稿校对与输出

一、单色稿校对

样稿经分色或描稿形成单色稿后，需要检查单色稿与原稿的符合性，具体操作步骤如下：

（1）打开样稿文件，见图3-5-1。

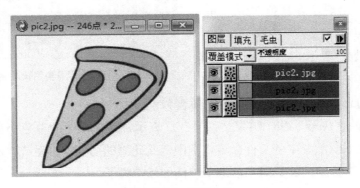

图3-5-1　样稿文件

（2）在样稿文件的"图层"控制面板中增加新图层，在"新建图层"对话框（图2-2-3）中选择"从文件中读取"，即可将单色稿文件覆盖在样稿图像上面，如图3-5-2所示。

（3）检查单色稿是否与样稿图像完全吻合，如有不吻合的地方（重点检查两种颜色图形之间的衔接是否有露白），需要应用相应的工具进行修补。

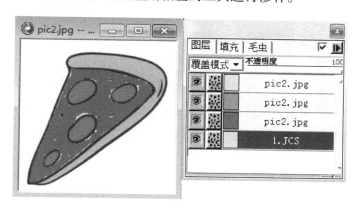

图3-5-2 单色稿覆盖于样稿文件上

二、稿件合并

1.文件合并

"文件合并"用于两幅稿子相加，相加的两幅稿子可以是单色稿，也可以是彩色稿。使用时，可以先打开一个文件，也可以两个文件同时打开。分"拷贝合并"和"非拷贝合并"，"非拷贝合并"可产生叠色，该命令主要用于查看叠色效果。

（1）"文件合并"对话框。执行"文件"菜单中的"文件合并"命令，出现"文件合并"对话框，如图3-5-3所示。

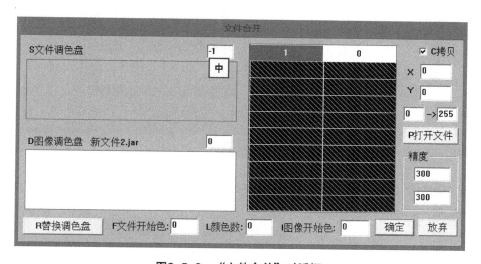

图3-5-3 "文件合并"对话框

①文件调色盘：要合并到当前图像上的文件的调色盘。

②图像调色盘：当前打开图像的调色盘。

③拷贝：选中"拷贝"时，用指定的颜色将"文件调色盘"中要合并的颜色合并到当前的图像上；不选中"拷贝"时，当合并上来的颜色与当前图像上的颜色发生重叠时，复合形成第三种颜色。

④0→255：可以把两个灰度图像相加。

⑤"X"和"Y"：文件合并时的坐标。

⑥打开文件：打开要合并上来的文件调色盘。

⑦替换调色盘：在文件调色盘中要合并的颜色的第一个颜色上单击"左键"，指定文件开始色；在要合并的颜色的最后一个颜色上单击"右键"，确定颜色数。在图像调色板上，用"左键"单击开始的颜色确定图像开始色，然后"左键"单击"替换调色盘"，则把图像调色盘中一段颜色替换成文件调色盘中的颜色。

注意事项：要把文件上的多种颜色合并到当前的图像中，则在对话框中单击"中键"，增加可以合并的颜色，单击"右键"删除，如图3-5-4所示。

（2）具体操作。

①打开一个要合并的文件。

②执行"文件"菜单中的"文件合并"命令，出现文件合并对话框，步骤1打开文件的调色盘显示在"图像调色盘"中（图3-5-4）。

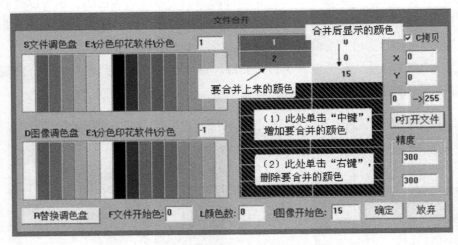

图3-5-4　"文件合并"属性对话框

③"左键"单击"打开文件"，打开要合并上来的文件，要合并文件的调色盘显示在"文件调色盘"中。

④在"文件调色盘"中单击"左键"，选择要合并图像的颜色。

⑤在"图像调色盘"中单击"左键"，选择合并上来的图像在合并后文件中显示的

颜色。

⑥"左键"单击"确定"，完成操作。

注意事项：

（1）可以将要合并文件中的一种或多种颜色的图案合并到当前文件。

（2）在选中"拷贝"的情况下，合并到当前文件中的图像，可以显示为当前文件中的任意一种颜色。

2. 批量合并

把多个单色文件或云纹文件合并成一个多层彩色文件或多色彩文件。

（1）属性对话框。执行"文件"菜单中"批量合并"命令，弹出"自动合并"属性对话框，如图3-5-5所示。

①文件名。打开需要批量合并的文件中颜色最浅的一个单色稿。

②基文件名。当前打开的文件名。

③控制字。输入需要合并的另外几个单色稿的最后一个编号，如示范中A*，86，2，3b，4*1，*表示该套单色稿和另外几套产生复色。

④全复色。批量合并后，各套色之间重叠部分是否以复色显示，用来检查单色稿是否做过复色。

⑤简化调色板。是指文件合并后对调色板进行简化。在多色合并时，当选中"全复色"，再选中"简化调色板"，软件则自动对调色板进行简化。

⑥多层方式。是指文件合并后，以多层方式表示。

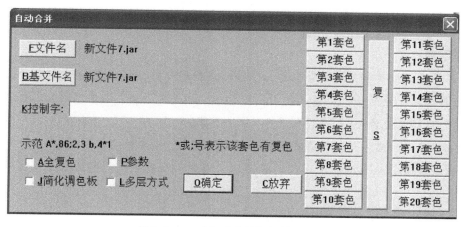

图3-5-5　"自动合并"属性对话框

（2）具体操作。

①执行"文件"菜单中"批量合并"命令，弹出"自动合并"属性对话框。

②左键"单击"文件名"，打开需要批量合并的文件中颜色最浅的一个单色稿。

③在"控制字"处输入需要合并的另外几个单色稿的最后一个编号。

④左键"点击"确定"即可。

"批量合并"效果示意图见图3-5-6。

(a)"全复色"效果

(b)"简化调色板"的效果

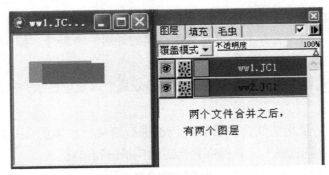

(c)"多层方式"效果

图3-5-6　"批量合并"效果示意图

注意事项：

（1）要进行批量合并的图像文件必须按一定规则命名，如一个9套色的稿子，文件名前几位应该相同，最后一位应该是1、2、3……9，依次排下去，如果超过10套色，第10套色的最后一位编号应为A，11套色的为B，依次类推。

（2）要合并的文件必须保存在同一路径（即在同一个文件夹）下。

（3）批量合并应遵循颜色由浅到深排列，以便于检查生成彩色稿时是否有漏白或复色面积过大。

（4）"批量合并"的文件必须是单色稿文件。

3.合为一层

详见第二章第二节中"图层"部分。

三、圆整

当稿件图像不能在选定的网板尺寸内进行整数倍连晒时，可以执行"圆整"命令（位于"图像"菜单)对图像的大小进行调整(即对图像进行放大与缩小处理),使图像在规定网板尺寸范围内能够进行整数倍连晒。

1.属性对话框

执行"图像"菜单中"圆整"命令,弹出属性对话框,如图3-5-7所示。

(1)像素(图3-5-7中象素应为像素)大小。当前图像的宽度和高度,单位有"像素"和"百分比"两种,选定单位后,输入框中的数值自动进行换算。

(2)打印尺寸。当前图像的宽度、高度和精度(分辨率),尺寸的单位有毫米、英寸、丝米和百分比四种,选定单位后,输入框中的数值自动进行换算。

(3)参数设置。分圆网、平网和台板三种。选择"圆网"或"台板"时,"尺寸""个数""径向""放大""缩小""自动"变成可操作状态。

(4)光滑。选中"光滑",圆整时对图像进行光滑处理;反之,不进行光滑处理。适用于单色稿圆整和已做好的彩稿圆整。

(5)尺寸。"圆网"和"台板"的尺寸,根据需要在下拉框中进行选择。

(6)个数。在"圆网"和"台板"的规定尺寸内,含有的最小花回的数量。

(7)径向。选"X"时,规定尺寸为X方向;选"Y"时,规定尺寸为Y方向。

(8)约束比例。选中"约束比例",X和Y两个方向按比例进行圆整;不选中"约束比例",X和Y两个方向不按比例进行圆整,可以任意调整。

(9)重定像素。更改图像的像素尺寸。减少像素时,信息会从图像中删除;增加像素时,在现有像素的颜色值的基础上添加新的像素。

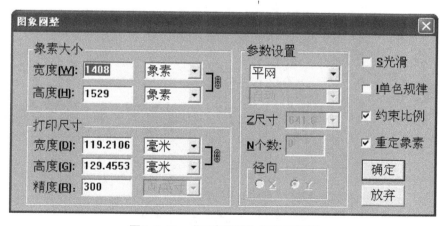

图3-5-7 "图像圆整"属性对话框

注意事项:

(1)执行"圆整"命令时,需要选中目标中的所有图层。

(2)进行光滑圆整时,在系统配置的一般特性中设定光滑特性为"自然台阶数为1",且选中"兼顾相邻色"。

2. 具体操作

（1）打开文件，见图3-5-8（a）。

（2）执行"图像"菜单中"圆整"命令。

（3）在"图像圆整"对话框中设置参数，点击"确定"即可，见图3-5-8（b）。

(a) 原图及其尺寸

(b) 圆整后的图像及其尺寸（选择圆网、尺寸为641.6mm，X方向，个数为10）

图3-5-8　"圆整"效果示意图

四、发排

把当前图像传送到照排机上。

1. 单张发排

（1）对话框。"单张发排"命令用于为单色稿设置发排的参数（如连晒方式、是否开路等），还用于将当前的单色稿输入激光成像机成像。执行"文件"菜单中"单张发排"命令，弹出"实时发排"对话框，如图3-5-9所示。

①读出。读出所需发排的文件。以前各种参数将显示在当前的发排对话框中，如路径、文件名、处理精度、回头方式、连晒方式、开路模子等。同一发排文件不需要再次输入发排参数。"左键"单击"读出"按钮，弹出"打开"对话框，选择要发排的文件，即可将文件参数读入，文件的扩展名为"*.rlp"。

②路径。发排文件存档的路径。

③文件名。需要发排文件的名称。发排的文件要求是单色稿或灰度稿。在"文件名"处单击"左键"，弹出打开文件对话框，将所要发排的文件打开。

④处理精度。发排文件的处理精度。如果输入的数值大于发排文件的处理精度，发排出来的图像比原来的小；反之，发排出来的图像比原来的大。

⑤回头方式。发排文件的回头方式。

⑥连晒参数。由于发排时用户的文件是一个小花回，要把它连晒到便于感光制网的尺寸。连晒时，可以设置次数或尺寸来连晒。选择"毫米"或"英寸"时，将根据输入的毫米数或英寸数进行连晒，不选中，则根据输入的次数进行连晒。例如，选择"毫米"，在X1和Y1处分别输入1240和740，则在X方向上连晒到1240mm、Y方向连晒到740mm。

⑦正片。决定所发的片子是正片，还是负片。

⑧规则拼接。用于1/4或1/2方式拼接时的图像。

⑨加图标。激光成像时，自动加上分色制版企业的标志（商标、文字或图案）。文字在"公司名称"处输入；企业的标志图案存在c:\ex9000目录，文件名为jcyh.jc1或jcyh.tif。

⑩大片和小片。"大片"仅一边有图案，"小片"两边都有图案。

⑪转45度。当做领带转45度时，实际处理精度为"处理精度"处输入数值的1.414倍。

⑫S型开路。激光成像时，根据输入的黑、白模子进行的开路形式。

⑬黑模子。图边的颜色同花形图案的颜色。多数用于平网单个花回开路，且一个花网须分多次曝光才能完成，还适用于"领带加模子"（根据印花排版要求做好的模子文件）。"黑模子"是为了在感光过程中把暂不受感光的部分保护起来，使其不感光，以便于下一段感光。

⑭白模子。图边为透明色，多数用于平网多个花回开路（经、纬方向已经到印花网框尺寸）。"白模子"是为了在印花过程中避免产生"叠色"或"露地"。

⑮发排机配置。设置激光成像机参数。"左键"单击"发排机配置"，弹出对话框（图3-5-10）。

⑯圆网尺寸或比例。根据指定的圆网周长方向进行圆整。当经向在水平方向时，在"X圆网尺寸或比率7"处输入圆网要求尺寸；当经向在垂直方向时，在"Y圆网尺寸或比率8"处输入圆网要求尺寸。

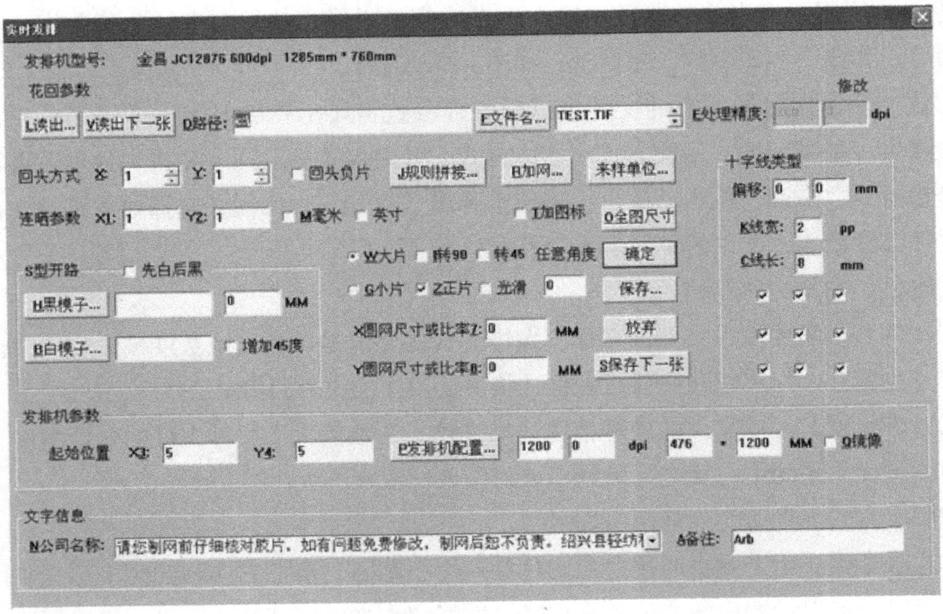

图3-5-9　"实时发排"对话框

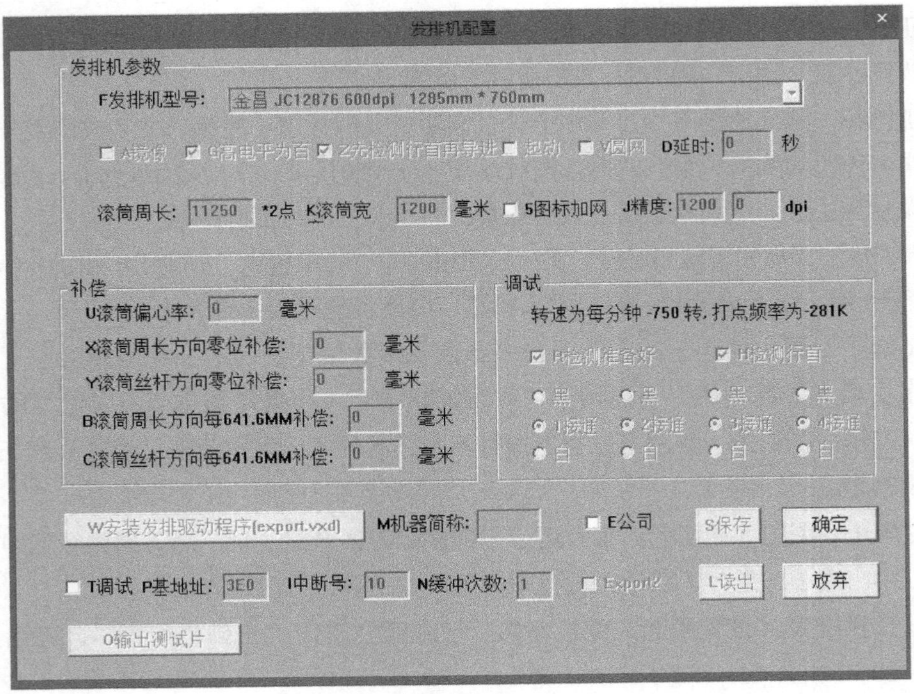

图3-5-10　"发排机设置"对话框

⑰十字线类型。在激光成像时，根据需要自动加上十字线。十字线的位置由9个小方框表示；在"线宽"处输入十字线的粗细值，一般为2pp；"线长"处输入十字线的大

小，一般为8mm；在"偏移"处输入数值，例如，当前一个数值为1000，后一个数值为0，十字线将加在胶片花形的X方向最外边，而Y方向则加在花形的回头线上。

⑱旋转。用于发排时对图像进行旋转处理，包括"转90度""转45度"和"任意角度"。

⑲备注。作为用户的特殊记录，如用户有多台激光成像机，就可以在此处输入机号和发排日期。

⑳确定。根据输入的参数进行模拟显示。

㉑保存。将输入的参数进行保存，此参数文件名应与所对应的单色稿文件名一致，扩展名为".rlp"。"左键"单击保存，弹出"保存参数"对话框，系统自动将当前读入文件名映射到文件名对话框中，按"保存"按钮即可。

㉒加网。用于灰度稿成像时加网。"左键"点击"加网"，在弹出的对话框中设置相应参数。

㉓来样单位。用于在花样中加入生产厂商名称和商标等。"左键"点击"来样单位"，在弹出的对话框设置相应的参数。

（2）具体操作。

①单张发排。

a.执行"文件"菜单中"单张发排"命令，弹出"实时发排"对话框。

b."左键"单击"文件名"，在"打开文件"对话框中打开所要发排的文件，系统自动将要发排的文件名和路径导入，也可以手动输入。

c.在"处理精度"处输入该文件的处理精度。

d.在"回头方式"处输入该文件的回头方式。

e.在"连晒参数"处输入所要连晒的尺寸或次数。

f.其他可以是系统默认，单击"保存"，将设置好的参数进行保存。

②圆网打参数。

a.在"连晒参数"中输入所要连晒的尺寸或次数。

（a）经向在水平方向时（一般为小片），则X1处输入大于圆网的周长，Y2处可根据胶片的幅面大小来定。

（b）经向在垂直方向时（一般为大片），则和经向在水平方向时相反。根据布的门幅大小来确定花型连晒的大小。

b.在"X圆网尺寸或比率7"和"Y圆网尺寸或比率8"处输入圆网的要求尺寸，要根据经向来定。

（a）经向在水平方向时，在"X圆网尺寸或比率7"处输入圆网要求尺寸。如圆网要求尺寸为641.6mm，在"X圆网尺寸或比率7"处输入641.6mm，"Y圆网尺寸或比率8"处输入0。

（b）经向在垂直方向时，在"Y圆网尺寸或比率8"处输入圆网要求尺寸。如圆网要求尺寸为641.6mm，在"X圆网尺寸或比率7"处输入0，"Y圆网尺寸或比率8"处输入641.6mm。

c. 其余为系统默认，"左键"单击"保存"即可。

③次数。根据小回头的大小和所要求的胶片幅面大小来确定连晒的次数。

例如，用于圆网印花的小回头经向尺寸为214mm、纬向尺寸为250mm，印花布的门幅为1140mm，圆网尺寸为641.6mm。

连晒次数=胶片大小/小回头尺寸

经向连晒次数=740mm/214mm=3.45

纬向连晒次数=1240mm/250mm=4.96

注意事项：

（1）感光前要对花型进行开路，若胶片经向尺寸为641.6mm时，感光时不易把花型接好，所以用740mm。

（2）印花过程中，网板和布之间会产生一定的偏移，所以网板上的花型要大于布的门幅，一般比布门幅大约100mm。

④平网打参数。

a. 在"连晒参数"中输入所要连晒的尺寸或次数。平网一般将经向放在垂直方向，根据胶片幅面的大小或布的门幅大小来确定图像的大小。

b. 为了使花型在胶片上时，十字线间的尺寸刚好是整数或在特定的尺寸上，可在"X圆网尺寸或比率7"和"Y圆网尺寸或比率8"处输入平网要求尺寸，要根据小回头连晒到发排尺寸时的个数来确定。系统默认值"X圆网尺寸或比率7"和"Y圆网尺寸或比率8"均为0。

c. 其余为系统默认。

⑤方巾打参数。

a. 在"回头方式"处输入回头方式。图像是完整的方巾，输入X=1、Y=1；图像为1/4或1/2方巾，若只发1/4或1/2方巾，则输入X=1、Y=1，若要发完整的方巾，则需要在"规则拼接"中进行设置。

b. 连晒参数。方巾一般都为X=1、Y=1。

⑥领带打参数。

a. 系统自动获取文件的"处理精度"。

b. 是否转45度：领带的小花回以转45度的方式在领带加模子上，这时的转45度为光滑方式，在光滑的同时将花型缩小1.414倍，此时"处理精度"应为原稿精度的1.414倍。

c. 黑模子：输入领带模子文件名。

d. 其余和一般稿子打参数一样。

⑦使用开路。

a. 单色稿必须是"平接","跳接"的应先处理成"平接"再开路。

b. 画开路线［图3-5-11（a）］。

c. 贴边：使用"贴边、连晒"工具进行贴边。上下开路时，向下贴边。左右开路时，向右贴边。同一稿子中，不同颜色开路时，贴边大小要一样［图3-5-11（b）］。

d. 漏色：将"开路线"设置成"边界线"，用"漏壶"工具进行漏色。

e. 把漏成的颜色选为前景色，执行"单色另存为"，将其保存为模子。

f. 打开"实时发排"对话框，读入模子。

g. "左键"单击"确定"，可看到开好路后的大图预示效果。

注意事项：

（1）在同一个稿子中，开路模子的尺寸必须一样大，在贴边复制开路线时必须是向下或向右进行复制。为了使印花容易，开路时的波峰不宜太大，一般控制在5~7cm。

（2）两条开路线都不取入模子，表示开路有复色；一条开路线取入模子，则刚好接版；两条线都取入模子，不能作为模子。

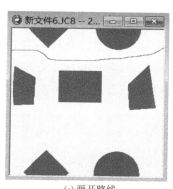

(a) 画开路线

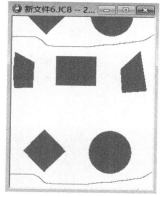

(b) 贴边

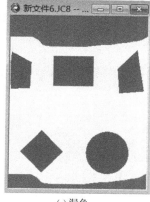

(c) 漏色

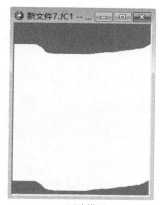

(d) 开路模子

图3-5-11 开路步骤示意图

2. **拼接发排**

（1）"拼接发排"对话框。用于多套色的拼接发排，即几张单色稿拼在一张胶片上成像。执行"文件"菜单中的"拼版发排"命令，弹出"拼接发排"对话框，如图3-5-12所示。

①胶片参数。激光成像时的胶片尺寸，一般无须改动，计算机内部自动默认发排机类型中所定的尺寸。

②左下角。拼接时，图像左下角所在的坐标位置。

③花样尺寸。图像的实际尺寸。

④自动排列。计算机根据图像的实际尺寸及胶片幅面进行自动排列。

⑤确定。用于模拟显示拼接发排后的图像。

⑥发排。根据输入的参数进行激光成像。

（2）具体操作。

①执行"文件"菜单中"拼接发排"命令。

②在对话框中"1"处单击"左键"，弹出"单张发排"对话框，在对话框中读入第一张胶片的参数，"左键"单击"确定"。

③重复步骤②，依次读入第二、第三、第四张胶片的参数。

④在"左下角"位置X和Y处输入相应的尺寸。例如，花样一和花样二的尺寸都是530mm×720mm，则花样一处输入30和20，花样二处输入580和20，两个单色稿则发排在同一张胶片上。

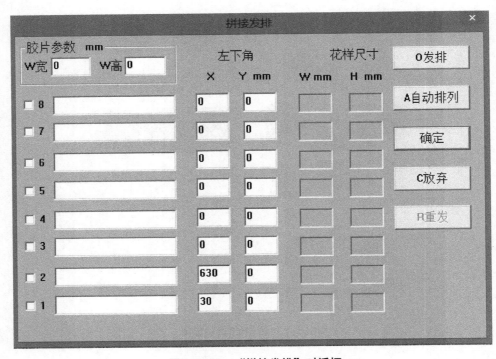

图3-5-12 "拼接发排"对话框

五、打印

　　"打印"是将处理好的彩稿通过喷墨打印机打在纸上，根据当前的图像和打印设置打印输出。

　　执行"文件"菜单中"打印"命令，弹出"打印设置"对话框，如图3-5-13所示。

　　（1）标题。系统默认是文件名，也可直接输入文件名进行修改，也可以空白。

　　（2）打印色标。选中"打印色标"，则将图像中的颜色打印在页尾，不选中"打印色标"，则不打印图像中的颜色。

　　（3）设置。连接打印机装置，主要是根据现有的打印设置，包括选择打印机型号、纸张大小、打印精度等。

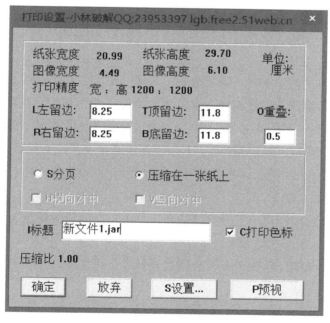

图3-5-13　"打印设置"对话框

主要参考文献

［1］王雪燕，赵川，任燕，等.特种印花［M］.北京：化学工业出版社，2014.

［2］赵树海.数字喷墨与应用［M］.北京：化学工业出版社，2014.

［3］房宽峻.数字喷墨印花技术［M］.北京：中国纺织出版社，2008.

［4］蒋小明，蒋付良，吴建荣.现代纺织技术［J］.现代纺织技术，2014（1）：46–50.

［5］徐百佳.纺织品图案设计［M］.北京：中国纺织出版社，2009.

［6］郭振山，王莉.印花面料设计［M］.天津：天津大学出版社，2011.

［7］亚历克斯·罗素.纺织品印花图案设计［M］.程悦杰，高琪，译.北京：中国纺织出版社，2015.

［8］赵涛.染整工艺学教程（第二分册）［M］.北京：中国纺织出版社，2005.

［9］曹修平.印染产品质量控制［M］.2版.北京：中国纺织出版社，2010.

［10］曾林泉.纺织品印花300问［M］.北京：中国纺织出版社，2011.

［11］胡克勤.印花CAD应用教程［M］.上海：东华大学出版社，2004.

［12］王旭娟.印花分色CAD基础教程——金昌EX9000操作详解［M］.北京：清华大学出版社，2013.

［13］张瑞萍.现代印花点子分色制版新技术［J］.南通大学学报（自然科学版），2005，4（3）：24–25.

［14］潘昌健.电脑印花分色系统在图案设计中的应用［J］.广西纺织科技，2001，30（4）：44–45.

［15］曹建敏.云纹印花及其电脑分色制版［J］.染整技术，1998，20（5）：11–12.

［16］陈爱平，高铁慢.计算机印花分色系统的应用［J］.丝绸，2001，2：21–23.